U0156734

THINK TANK
智库论策

园林绿化工程监管的
理论与实践

The Theory and Practice
of the Supervision of Landscaping Projects

彭辉 叶青 等 著

上海社会科学院出版社
SHANGHAI ACADEMY OF SOCIAL SCIENCES PRESS

序　言

　　政府监管作为现代国家经济社会治理的重要组成部分,是政府为实现特定公共政策目标,依据有关法律法规,对某些产业中微观经济活动主体的进入、退出、资质、价格以及涉及安全健康、环境保护和可持续发展等方面的经济社会主体行为所进行的引导、干预和规范。当前,政府监管已成为现代化国家治理体系下维护经济健康发展和社会公平正义的必备内容,许多国家政府以及国际组织均在努力推进监管改革,实现"更巧妙的政府监管"(smarter regulation)。自 2014 年《关于促进市场公平竞争维护市场正常秩序的若干意见》(国发〔2014〕20 号)出台以来,中国持续推进以"简政放权、放管结合、优化服务"为主要内容的政府监管改革,并取得了显著成效。世界银行发布的《全球营商环境报告 2020》显示,中国营商环境总体得分在 190 个经济体中位列第 31 位,较 2019 年和 2018 年分别跃升了 15 位和 47 位,其中司法行政质量的得分高居世界第 5 位。但应看到的是,面对党的十九届四中全会提出的关于"推进国家治理体系和治理能力现代化"的一系列要求,仍需不断提升政府监管能力,改进政府监管效果,解决监管缺位、监管越位、监管不到位、利用监管权力设租等问题。

　　园林绿化工程领域监管充分展现了我国政府监管的必要性、普遍性、复杂性及局限性,通过对园林绿化工程领域监管的重点展开,可以有效把握好政府监管的"度",以更好地发挥政府作用,辅助市场在资源配置过程中发挥决定性作用,维护社会公平正义,推进国家治理体系和治理能力现代化。从这个角度而言,对园林绿化工程领域监管的探讨已经成为需要深入探究的重要课题。

　　我国经济的快速发展推动了城市建设的发展,城市园林绿化工程成为一个建设的重点。园林绿化施工企业也在不断谋求自身的发展,不断壮大,目前随着市场竞争的日益激烈,园林绿化企业也在园林工程中进行激烈的角逐。为加强城市园林绿化市场的管理,保障城市园林绿化规划、建设和管理质量,国家建设部于 1995 年 7 月印发了《城市园林绿化企业资质管理办法》和《城市园林绿化企业资质标准》的通知,对各个城市园林绿化企业实行资质审查发证管理,办法自同年 10 月 1 日起正式施行。

凡是从事城市园林绿地规划设计,组织承担城市园林绿化工程施工及养护管理,提供有关城市园林绿化技术咨询、培训、服务等业务的所有类型的企业均纳入城市园林绿化行业管理范围,可以进行资质审查管理。企业的人员素质、技术及管理水平、工程设备、资金及效益情况、承包经营能力和建设业绩等都是评定该企业资质等级的必要条件。同时建设部也规定了一级企业由省级行政主管部门进行预审,提出意见,报国务院建设部门审批、发证;二级企业由所在省级行政主管部门授权机关审批、发证,并报国务院建设部门备案;三级和三级以下企业由所在城市园林绿化行政主管部门审批、发证,报省级主管部门备案。凡从事规划设计、建筑工程施工、古建筑维修和仿古建筑施工的城市园林绿化企业,均应按有关规定向相应的主管部门申请企业的资质等级,经批准取得证书后,才能从事相应的园林规划设计、施工等经营活动。此后,住建部先后多次对园林绿化资质标准进行了调整。

绿化资质要求的提出对整个绿化行业发展提供了有利条件,主要体现在以下三个方面:一是对于园林企业来说,申请园林绿化资质目的是扩大工程承包范围。自进入 21 世纪以来,各个城市绿化的建设速度、规模、质量都在显著提升,从很大程度上改善了城市生态环境和人居环境,也给企业带来了难得的发展契机。实行绿化资质管理后,所有绿化工程项目的招标对园林企业设立了绿化资质的门槛要求,因而园林绿化资质的推行对于规范整个绿化行业市场起了极大的整合作用;二是在园林绿化资质申请过程中,绿化企业需要满足人员、资产、业绩等多项要求,而能够通过资质审核的企业,无疑具备了相应等级资质的园林绿化工程建设实力。通过企业资质的市场发展情况,可以看出绿化行业内从业的工程技术管理人员储备的重要性。就上海浦东而言,目前在绿化行业从业内工程技术人员中,具有高级职称、中级职称的技术人员越来越多。通过资质的申请和管理,可以提高和规范企业内部的资质层次和管理水平;三是随着国家加强对园林绿化行业的监管,没有资质的企业在市场中的竞争压力越来越大。在园林绿化工程施工中,有资质的企业才能通过主管部门不定时的资质检查,并且有资质的园林绿化企业的工程招标方签订的合同在法律允许范围内才会受到保护,从而保障企业的自身利益。因此,通过园林绿化资质的管理,企业可以在一定程度上避免市场风险。

　　推行园林绿化资质过程中也存在一系列的问题,具体也表现为三个方面:一是由于申请资质的要求越来越严格,对企业资产、人员、材料等内容审核的要求也越来越高。如果企业选择资质办理,首先企业的资产必须达到申报要求,在资产准备过程中,企业有时必须额外购置各类非货币资产以满足固定资产的要求。例如,要求人员必须是相关专业的,因而企业需要大量引进专业人才;办理资质还要求企业为所有人员购买社保,否则就没有人员社保材料,在人员审核过程中也是不能通过的;在申办园林绿化资质之前,在材料准备上,企业要保障材料无错漏,这就需要专业人员来完成材料准备并进行材料的打印制作。在以上过程中,企业都需要花经费去完成各项工作。综上所述,企业在办理园林绿化资质准备期间,需要花费一笔数目不小的费用,这无形中给企业的生存发展增添了负担;二是一些中小企业在绿化行业利好形势下,盲目进入市场,在准入审查中,通过借用职称或造假证书等办法来增添资质条件,这也给一些谋求不正当利益的人创造了可乘之机。市场上产生了皮包公司,中间商乘机赚中间费;三是还有乱借资质等不当现象,然而这些企业技术力量薄弱、缺乏竞争力,在后期生产经营中难以得到更进一步的发展。

　　针对上述存在的弊病和问题,为依法推进简政放权、放管结合、优化服务改革,2017年3月,国务院总理李克强签署了第676号国务院令,公布《国务院关于修改和废止部分行政法规的决定》,对取消行政审批项目、企业投资项目核准前置审批等事项改革涉及的行政法规进行了清理。其中,《城市绿化条例》删去了第11条第3款、第16条的内容,内容包括城市绿化工程施工应当委托持有相应资格证书的单位承担。同年4月,住建部根据国务院精神,印发了《关于做好取消城市园林绿化企业资质核准行政许可事项相关工作的通知》,正式取消了园林绿化资质这一事项。

　　党的十九大强调,要让市场发挥配置资源的决定性作用。因此,在绿化行业改革"放管服"的大背景下,对企业资质做"减法"是大势所趋。未来绿化行业建设的准入门槛肯定越来越低,但在事中和事前的监管将更加严格,包括对企业实际承接项目的能力、业绩等要求会越来越高。一方面,对企业来讲,市场竞争会增强,有实力、具备技术和人才的企业可以凭借自身实力做出一番成绩,甲方的选择范围也会更加广泛,中小企业将得到大发展。未来的"资质"并没有被取消,而是由原来的政府发放变为往后的市场发放,企业未来的生存由市场来考验。另一方面,政府监管的责任越来越大,对政府而言,由原先的事前审批变为逐步通过加强事中、事后监管措施来实现对企业的管理。住建部在此基础上,印发了《园林绿化工程建设管理规定》的通知,文件明确要求加强园林绿化工程建设中事中、事后的监管,各监管单位需建立园林绿化市场信用信息管理系统,建立工程质量安全和诚信行为动态监管体制,园林绿化市场信用信息系统中的市场主体信用记录将作为今后市场选择的重要参考。

目前,上海浦东根据国务院及住建部下发的文件精神,结合自身园林绿化行业特点和实际情况,进一步规范了园林绿化施工养护企业的信用管理,加快构建以信用为核心的新型市场监管体制,更好地推进园林绿化施工和养护领域的信用体系建设,以政府监督管理为主要手段,通过加强事中、事后监管措施来实现对企业的管理,评价结果也将影响企业在市场上的竞争力度。园林绿化工程市场监管和现场监督改革力度不断加大、改革领域不断拓展、改革深度不断纵深,相关市场主体监管规范发生了重大变化,上海市园林绿化工程市场监管方式正在由资质管理向项目现场管理转变,必将对园林绿化建设市场和市场主体带来重大影响,也给政府监管部门提出了严峻挑战,具体表现为:一是市场监管和市场竞争"唯资质论"的传统观念受到严重冲击;二是市场监管的重点、方式和手段须进行较大调整;三是市场竞争主体面临新一轮的优胜劣汰;四是园林绿化工程项目监管模式及程序将面临调整;五是市场竞争主体综合竞争能力评价标准亟待改变;六是监管人员队伍的综合素质能力将不适应新形势发展要求。

从这个角度而言,如何在现有管理措施的基础上,不断健全和完善绿化工程市场监管流程和加强现场监督,需要开展相关研究,积极推进监管方式改革。惯常的叙述性架构难以对其进行系统性的阐述和把握。尤其是随着"放管服"改革的深入推进,一方面,大量监管政策的制定权限陆续下移至各级地方政府,而由于缺乏专业人才和决策辅助机构的支撑,地方政府在政策的制定和执行过程中更多依靠经验和直觉,相应的知识储备尚不充分;另一方面,诸如负面清单管理等以"宽进严管"为主要内容的改革政策正加快落地,使政策执行机构所面临的监管压力陡然增大,同时也对其监管能力和监管质量提出了更高要求。有鉴于此,为便于对园林绿化工程领域监管形成基本的、通识性的理解,本书将从政府监管的必要性、普遍性、复杂性、局限性等基本特征着手,力图提纲挈领、简明扼要地对园林绿化工程领域监管的理论及其实践进行覆盖式、概括性地阐述和分析,在此基础上就改进园林绿化工程领域监管工作、提升监管治理能力提出相应建议。

目　　录

第二编　浦东园林绿化工程监管的实践探索

导　　论

一、研究背景

20 世纪 60 年代以来,随着全球环境污染的进一步恶化,人类开始寻求新的发展模式,在环境保护和可持续发展的基础上选择了生态文明的发展道路。党的十六大提出了"促进人与自然的和谐,推动整个社会走上生产发展、生活富裕、生态良好的文明发展道路"的发展战略,党的十七大又明确提出,建设生态文明,基本形成节约能源资源和保护生态环境的产业结构、增长方式、消费模式。可见,建设生态城市已经成为我国城市发展的重要奋斗目标,也是世界各国大城市发展的趋势。国际社会早就发出"城市必须与自然共存"的强烈呼声,城市园林绿化是城市经济、社会持续发展的重要基础和现代城市文明的重要标志之一(张宝杰、刘冬梅,2012),是城市中维护自然环境和引进自然的一项崇高事业,正在现代城市的建设中发挥重要作用。

我国园林工程建设的发展历程经历了三个阶段:

起步阶段(1949—1992 年)。1952 年中央人民政府成立建筑工程部,召开了全国第一次城市建设工作会议,城市园林绿化进入恢复和有计划、有步骤的建设阶段。全国各地开始新建公园,加强苗圃建设,进行道路绿化,并开展了工厂、学校、机关等单位以及居住区绿化工作。一些城市为了园林建设工作的需要,组建了园林工程处、绿化处等园林建设单位,这些单位是我国城市园林绿化行业成立最早的园林施工"企业"。自此园林工程建设开始起步。

全面发展阶段(1992—1999 年)。1992 年国务院颁布了《城市绿化条例》,使我国的城市园林绿化事业真正步入了法制化轨道,保证了城市园林绿化事业的健康快速发展。同年,建设部在全国开展了建设园林城市、园林单位、园林小区活动,城市外围的大环境绿化建设、城市公园和动物园等为重点的城市公园建设。园林工程建设进入全面发展时期。伴随着中国经济市场化,中国私营的园林绿化企业相继诞生。到 1999 年年底,城市固定资产投资由 1981 年的 19.53 亿元增加到 1 590 亿元,城市园林绿化企业迅速发展,据统计全国具有一定的规模的园林绿化企业超过 5 万家。

蓬勃发展期(2001 年至今)。2001 年 2 月,国务院召开了全国城市绿化工作会议,国务院专门下发了《关于加强城市绿化建设的通知》,使得各级政府对城市绿化工作的重视程度大大提高,全社会广泛参与的全民绿化热潮开始形成,城市绿化工作进入了一个新的历史发展时期。全社会固定资产投资由 2001 年的 37 213 亿元增加到 2005 年的 88 773 亿元,完成城市建设固定资产投资由 2001 年的 2 351 亿元增加到 2005 年的 5 602 亿元,政府直接用于大型公共绿地建设的资金由 2001 年的 163 亿元增加到 411 亿元。巨大的市场培育了大批的城市园林绿化企业,使得这个时期成为城市园林绿化企业发展最快、数量增加最多的一个时期,园林工程建设行业呈现蓬勃发展。在这个时期一些国有企业也纷纷改制,把过去的绿化工程处改制、重组,组建成股份制的园林绿化企业。特别是北京奥运会的筹办,一大批比赛场馆建设相继完工,推动着与之配套的园林绿化工程及时开工。北京及协办城市在绿化方面的投入可谓空前,工程造价高的景观与园林绿化工程先后开工,园林绿化企业任务量空前增加。可以说,园林绿化行业经历了前所未有的机遇和挑战,整个行业的水平也借此机会得以全面提升。

近年来,各地都加大了城市园林绿化建设投入,纷纷提出创建园林城市,有效地改善了城市面貌和城市环境,为了进一步改善上海营商环境,贯彻落实《国务院关于促进建筑业健康发展的意见》(国办发〔2017〕19 号)、《住房城乡建设部关于印发工程质量安全提升行动方案的通知》(建质〔2017〕57 号)以及《上海市工程质量安全提升行动工作方案》(沪建质安〔2017〕374 号)等文件,进一步规范本市园林绿化工程建设市场管理,保障城市园林绿化行业稳定健康发展,上海出台了《上海市园林绿化建设市场改革试点工作方案》,2017 年 5 月 9 日,上海市绿化和市容管理局和上海市住房和城乡建设管理委员会审议通过了《关于进一步规范园林绿化建设工程管理的通知》(沪绿容规〔2017〕3 号),并于 2017 年 6 月 15 日起施行,这是当前政府监管部门加强园林绿化工程建设市场监管亟待解决的重要课题,也是不断推动上海园林绿化工程建设市场监督管理工作进一步制度化、系统化、规范化、法治化发展的应有之义。

本课题对园林绿化工程市场监管和现场监督实施情况,以及该监管方式转变对于浦东新区园林绿化工程市场发生的影响进行评估,重点在于对实施绩效、立法内容、立法盲点和存在问题作出客观评价,总结经验、发现问题、分析原因并提出进一步改革优化的具体对策建议,以增强该监管方式的可操作性、可执行性及其实施绩效。具体而言,本课题研究路径可细分为三个方面:(1)通过问卷调查、访谈等方式全面了解园林绿化工程市场监管和现场监督具体实施情况,发现和总结该方式实施以来主要成功经验及面临主要困难与问题;(2)对出现问题从体制、流程、方式、措施等角度分析原因;(3)对优化绿化工程市场监管流程和现场监督措施提出具体对策与建议。为此,课题组一方面向监管单位和相关企业发放了问卷,从面上了解当前试点改革的情况,另一方面也多次走访专家和实务人员,了解现实当中亟须解决的相关问题。在此基础之上,形成课题的研究报告。

二、研究必要性

工程建设市场主体包括企业(勘察单位、设计单位、施工单位、监理单位、设备供应单位、项目管理单位、质量检测单位等)和从业(执业)人员(建筑师、结构师、监理工程师、建造师、咨询工程师等),他们是工程建设质量与安全的责任主体。探索工程建设市场主体的监管机制是落实党和国家关于市场在资源配置中的决定性作用、行政审批制度改革、强化信用管理、加强事中事后监管、治理工程建设领域突出问题等有关精神的体现,对实现规范市场主体行为、确保工程质量与安全、解决工程建设领域突出问题、充分发挥工程综合效益等具有重要的作用。

但园林工程项目建设中也遭遇了一系列的问题,从项目管理的角度来讲,这些弊端比较集中地表现为政府投资项目的"三超"(超规模、超预算、超工期)现象以及大量严重的质量问题。此外,政府投资管理特别是工程建设领域的行政官员腐败现象也层出不穷。在具有中国特色的社会主义市场经济体制下,上述项目管理模式的缺陷是明显的。原因主要是政府作为业主的权限过大,行政权力与经济管理职能不分,投资、建设、管理、使用集于一身,行政权力与各市场参与主体过于接近。

从宏观层面看,传统政府投资项目管理方式的弊端主要体现为,政府的管理机构设置和职能分工无法对政府投资项目进行合理的监管。从微观层面上看,在具体的政府投资项目的组织管理上存在主体的"越位""缺位""错位"等问题,尚未形成对经营性与非经营性的政府投资项目进行区别管理的制度。

我国对经营性与非经营性政府投资项目实行统一管理模式。这种单一化管理导致了行政代理管之过宽,失之过多。在项目法人责任制不完善的情况下,政府投资项目分布于为社会提供公共服务的各方面,因此无法集中监督管理。

具体到园林工程建设项目,目前主要存在有以下问题:

第一,项目责任约束减弱。园林工程项目一旦批准实施,项目建设和资金使用均由具体操作单位负责,脱离政府投资主管部门的监控。使用单位充当业主,难以建立有效的投资控制及监督约束机制,并且容易产生腐败问题。作为政府投资建设项目,建设单位往往是后期使用或管理单位。建设单位会出于自身利益的考虑,在园林工程建设中,擅自提高建设标准,导致工程预算超概算,决算超预算,使得投资难以控制,造成财政支付困难。而且政府投资园林工程项目的所有者具有完整的产权权能,项目的产权主体不是个人而是政府,由于管理体制即项目建设组织实施方式和监管模式的问题,容易造成国有资产的流失和滋生腐败现象,又因为园林项目的投资是由政府来承担的,建设单位往往因为缺乏投资约束机制,只管花钱不用偿债,没有保值增值、还本付息压力,所以投资越多越好,倾向于无限增大投资。

第二,建设管理制度不完善。从项目管理机构组成来说,政府投资的园林工程项目管理机构,是一次性的、临时性的,而且基本是非专业人士组成。首先使得建设单位缺乏管理工程建设的经验和能力,容易违反基本建设程序,其次是典型的封闭式的小生产管理模式,难以实行工程建设专业化管理。管理机构在项目完成后就被解散,因此往往只是一次教训,没有二次经验,很容易造成经验教训的浪费和损失,使得专业管理水平低,而且工作人员都是临时抽调的,所以缺乏责任感,从而导致园林工程项目建设的各项责任难以真正落实。

第三,项目监督管理不力。政府对园林工程项目的投资控制主要是在项目开工前审批投资估算、初步设计概算,在项目竣工后审查决算,没有一个相应的部门或机构代表政府对项目投资进行全程、动态、跟踪式的监督管理,这就出现了政府只管给钱,使用单位只管用钱的现象。因为政府是整个项目的投资主体,即使决算突破估算和概算,政府最终也只能接受追加投资的事实,难以追究落实投资突破的责任。同时,作为园林工程行业或部门的主管机构——市容绿化局,可能既负责项目的组织实施,又在一定程度上行使项目监管的职责,其规则制定的公正性和执行的透明性难以说清,容易造成项目监管不力的局面。

第四,各类资源配置浪费严重。园林工程项目实施是在有限资源下进行的,对项目组织的效率提出了较高要求,而传统的政府投资园林工程项目中,从各类资源配置的角度来说,建设单位分别筹建项目管理机构,配备所需的人才、设备,造成组织分散、管理混乱,人力、资源等没有得到良好的利用,不利于发挥规模效益,会造成各类资源的重复配置和浪费。

第五,腐败事件频发。在传统政府投资项目管理模式下,除建设资金主要来自财政外,其他园林工程项目建设管理事项基本上由具体建设分管单位负责,决定设计、施工和材料供应单位,并向这些单位直接支付工程款项。所以建设分管单位以及筹建项目部成为设计、施工分包、材料供应商等各单位竞相公关争取的对象。

就上海而言,随着浦东新区园林绿化工程的不断扩大和功能作用的不断增强,传统的园林绿化工程市场监管模式已经不能满足当前园林绿化建设管理的实际需要。园林绿化工程市场监管和现场监督转变近一年来,上海市行政审批制度改革的深入推进,相关市场主体监管管理规范发生了重大变化,本市园林绿化工程市场监管方式正在由资质管理向项目现场管理转变,已经对园林绿化建设市场和市场主体带来重大影响,也给政府监管部门提出了严峻挑战,具体表现为:(1)市场监管和市场竞争"唯资质论"的传统观念受到严重冲击;(2)市场监管的重点、方式和手段须进行较大调整;(3)市场竞争主体面临新一轮的优胜劣汰;(4)园林绿化工程项目监管模式及程序将面临调整;(5)市场竞争主体综合竞争能力评价标准亟待改变;(6)监管人员队伍的综合素质能力不适应新形势发展要求。从这个角度而言,如何在现有管理措施的基础上,不断健全和完善绿化工程市场监管流程和加强现场监督,需要开展相关研究,积极推进监管方式改革。

三、研究思路

本研究课题研究思路是在课题研究目标的导向下,结合浦东新区园林绿化工程市场监管和现场监督的现实背景,基于科学研究认知规律进行的设计,研究思路科学可行。具体来说:从认知规律视角来看,课题研究按照"研究架构设计→现实情况把握→理论分析→数据库建立→实证分析→政策设计与实验评估→结论报告"的基本思路,符合认知事物、分析事物、提出建议的基本逻辑过程,符合逐步演进的认知规律。从内容关联视角来看,本课题在对浦东新区园林绿化工程市场监管和现场监督改革纵向与横向分析的基础上,通过深入调研对市场监管改革的实践与需求进行分析,从理论上对园林绿化市场综合监管平台、强化对企业及其专业人员信用监管、明确国有投资建设项目招投标市场准入标准、规范从业人员市场行为、确保园林绿化建设工程安全质量、企业动态监管综合评价体系等展开研究,最终提出以"统一开放、竞争有序、诚信守法、监管适度"为特征的园林绿化工程市场监管和现场监督建设路径。

四、研究内容

为适应新时代园林绿化工程市场监管和现场监督工作的新要求,本课题进一步规范浦东新区园林绿化工程市场监管和现场监督管理工作,尤其是要重点了解园林绿化工程市场监管和现场监督条款设计的科学性和可操作性,明确相关管理部门在强化事中、事后监管,推行"随机检查、结果公开"的监管机制,简化优化服务流程中的职权和职责,确保园林绿化工程市场监管和现场监管得到正确的贯彻执行。同时,全面了解和掌握全区园林绿化工程市场监管和现场监管的相关情况,以便在今后的工作中进一步完善制度、健全机制、积累经验,提高本区园林绿化工程市场监管和现场监管的规范化水平。

园林绿化工程市场监管基础理论研究。为推进简政放权、放管结合、优化服务改革要求,浦东新区园林绿化企业资质核准已经取消。对此,研究如何加强市场管理工作,强调园林绿化工程建设事中事后监管的意义更为重要,本课题在基础理论研究部分介绍了本项目来源、目标任务、评估对象、评估依据、评估原则、评估方法、评估过程、项目团队。

园林绿化工程市场监管和现场监督方式制定回顾与评价。该方式的出台对于落实上位法的具体规定、体现浦东新区园林绿化工程市场监管和现场监督管理特色、创新园林绿化工程事中事后监管模式、完善园林绿化工程市场监管立法体系等都具有积极的意义。本课题拟从以下四个方面对园林绿化工程市场监管和现场监督方式的制定过程进行回顾与评价:监管模式的制定背景和制定必要性;监管模式的制定过程;监管模式的制定的意义、地位与作用;监管模式的制定特色。

实施市场监管和现场监督的主要成就及其基本经验评价。实施市场监管和现场监督以来,浦东新区环保市容局加快园林绿化建设市场综合信息(企业、人员及项目)数据库建设,积极搭建统一的园林绿化市场综合监管平台;强化了园林绿化工程建设信用体系建设,强化了对企业及其专业人员信用监管;

调整了对不同主体投资项目的监管重点,探索了国有投资建设项目招投标市场准入标准;制定完善了园林绿化工程项目相关人员动态管理办法,规范从业人员市场行为;强化了工程项目施工现场监督管理,确保园林绿化建设工程安全质量;强化了园林绿化市场监管资源整合,建立健全企业动态监管综合评价体系。对于上述基本经验,本课题加以细致梳理和凝练提升总结。

实施市场监管和现场监督的盲点及监管中的问题与诱因评价。该监管方式实施以来,市场监管和现场监督还存在不少薄弱环节,亟待解决,具体表现为:如何进一步加强信息资源整合,尽快研究建立健全包含园林绿化建设市场企业业绩、专业技术人员、工程基本信息等内容在内的相关信息数据库;如何全面准确把握市场现代化建设的根本要求,加快深入研究园林绿化建设市场主体监管方式改革后的相关配套制度政策;对不同投资主体的园林绿化建设工程项目如何实施差别化管理;如何制定并完善园林绿化专业技术人员(专业执业人员)执业认定标准以全面、准确记录专业执业人员过往业绩;如何全面切实推进园林绿化标准化建设,研究完善园林绿化工程建设薄弱环节技术标准;如何紧密围绕监管改革重点,进一步强化企业负责人、项目负责人以及相关专业技术人员的职前、职后培训教育,不断强化其安全质量意识和技术能力水平;如何建立健全园林绿化建设行政处罚裁量基准制度,强化日常执法,严厉打击园林绿化建设市场中的违法违规行为;如何通过行业协会对会员遵守行业自律规范、公约和职业道德准则情况进行监督。本课题对此加以细致梳理,分析存在障碍以及原因机理。

实施市场监管和现场监督的修改完善或升格的评估与展望。该监管模式实施近一年,其所展现的积极作用以及在实践中的不足之处均已得到了一定程度的体现,通过此次评估,我们对监管方式出台以后外部环境变化进行梳理,以对该监管方式下一步的完善作出分析与展望。经过初步梳理,课题组从调整立法理念、完善监管体制、明确监管对象、创新监管方式、建立监管平台、强化法律责任、提升立法技术等方面对该监管模式的具体完善提出建议。

五、研究方法

本课题研究方法较为科学,研究主要采用以下 5 种方式:

第一,相关管理单位工作资料归纳。由新区绿化管理具体执行单位提供对 3 号文的实施情况的相关材料,作为研究的基础。

第二,问卷调查。运用书面调查和网络调查 2 种方式。调查对象分为:绿化企业(包括代办、审图等单位)、建设单位、相关管理部门。

第三,对比分析。主要对比研究本市兄弟区和江浙粤等地园林绿化市场管理的做法。

第四,座谈会。分别组织召开由相关单位、法学专家及管理相对人参加的座谈会,结合大调研对相关单位实施目的进展情况进行调研,征求相关单位的意见。

第五,专家访谈。通过专家个别访谈、咨询等方式,尝试解决个别专业性、复杂性问题。

第一编

园林绿化工程监管的理论基础

第一章 上海市绿化工程建设监管的历史沿革与现状

改革开放之后,上海市对于绿化建设项目的管理是伴随着上海绿化事业的发展而不断规范化和科学化的。总的说来,截至 2018 年,上海市园林绿化工程建设大体经历了三个阶段:第一阶段是起步孕育阶段(1978—1992 年);第二阶段是构建和规范化发展阶段(1992—2005 年);第三阶段是工程管理优化升级阶段(2005 年至今)。

第一阶段:起步孕育(1978—1992 年)

改革开放之初,在上海的城市发展建设中,绿化建设虽然被作为城市建设的组成部分,相关工作也逐步恢复正常状态,但是并没有被作为重点内容看待。对于绿化的认识还主要停留在道路行道树种植、街道绿地和园林建设等层面。这可以从上海市园林绿化主管部门的定位中可以看出。1978 年上海市园林管理处改制为上海市园林管理局,主要管理全市大、中型公园,市区主要道路行道树、街道绿地和园林企事业单位;园林绿化建设被重新纳入上海城市建设规划。

伴随着改革开放的不断深入,城市的不断发展,绿化工作也逐步获得了国家和上海市的重视。1982 年,为响应国家号召,上海市成立绿化委员会,负责统一组织领导本市全民义务植树和城乡造林绿化工作的行政机构。1983 年,全国人大常委会通过《关于开展全民义务植树运动的决议》,市政府颁布《上海市古树名木保护管理规定》。同时,市园林局编制《上海市园林绿化规划》,中心城区绿地布局结构为点状、环状、网状、楔状、放射状和带状相结合。1984 年市委、市政府下发《关于贯彻中共中央、国务院〈关于深入扎实地开展绿化祖国运动的指示〉的通知》,全市群众性植树活动进入组织有序、持续发展的阶段。1986 年黄浦、襄阳等 5 座公园,市区行道树、街道绿地和各区园林管理所划归所在区政府管辖。

1987 年市人大常委会通过《上海市植树造林绿化管理条例》,以法律保障城市园林绿化建设。在这部地方条例中,对于绿化建设已经逐步有了工程管理的意识。例如,在 1991 年修订的《上海市植树造林绿化管理条例》第 14 条中规定:"绿化布局必须以植物造景为主,植物造景的面积应不少于绿地总面积的百分之八十,除步行道外的非植物造景建筑的占地面积不得超过绿地总面积的百分之二。""各单位新建二千平方米以上绿地时,建设设计图应报区、县园林或林业主管部门审核同意后,方可施工。""绿化设计、施工单位必须具有本市主管部门批准的设计、施工许可证,方可承接设计、施工任务。"第 29 条第 1 款中规定"在公园、植物园、动物园、陵园、风景游览区、自然保护区,以及在街道、广场、林场、苗圃等绿地内增加非园林设施和大面积调整绿化布局的,其规划应事先征得市园林管理局或市农业局同意,方可实施。"从上述的规定中来看,这个时期伴随着上海市绿化建设项目的逐渐增多,上海市已经有意识地要将绿化事项进行规范化、项目化的管理。进一步的构建和规范绿化项目工程成为可能。

第二阶段:构建和规范化发展阶段(1992—2005 年)

20 世纪 90 年代,上海园林绿化建设蓬勃发展,园林绿化工程迅速增加,工程的质量、安全等越来越引起重视。因工程质量、安全引发的争议和矛盾也越来越多。因此,亟须政府对绿化建设进行规范化,科学化的管理。

在这一背景之下,1992 年,上海市园林绿化工程质量监督站、上海市园林绿化定额管理站成立。1993 年建立上海市园林绿化工程管理站(以下简称"工程管理站"),和工程质量监督站、定额管理站实行三块牌子、一套机构的管理体制。1996 年工程管理站的定额管理职能划归市建委定额管理总站。1999 年建立上海市建设工程交易中心园林绿化分中心(以下简称"园林绿化分中心"),为全市园林绿化工程的企业资质管理、质量管理和招投标管理的专门管理机构。

第三阶段:工程管理优化升级阶段(2005 年至今)

随着园林绿化工程的规模扩大及园林小品增多,工程的安全问题日渐显现。2005 年工程质量监督站更名为上海市园林绿化工程安全质量监督站(以下简称"工程安全质量监督站"),增加安全监督和管理的职能。2009 年市绿化市容局机构改革后所属事业单位作相应调整,工程管理站更名上海市绿化林业工程管理事务站(以下简称"工程管理事务站"),与园林绿化分中心合署办公。

工程管理事务站(工程安全质量监督站、园林绿化分中心)在本市绿化工程建设中起到了至关重要的作用。2010 年工程管理事务站承发包交易总额 44.54 亿元,招投标年交易额 18.03 亿元,工程监督总额 42.7 亿元。全市具有资质的园林绿化企业达 405 家。同年,工程安全质量监督站监管的园林绿化工程项目达 796 项、面积达 1 592 万平方米。

至此,上海市绿化工程的建设基本被定性为工程建设,比照建筑工程进行管理。我们可以将之称为"工程化管理阶段"。工程管理事务站(工程安全质量监督站、园林绿化分中心)在上海市园林绿化局的领导和业务指导下,开展对本市绿化工程的管理工作。

一、主要职责及管理依据

工程管理事务站(工程安全质量监督站、园林绿化分中心)代表上海市园林绿化管理局对园林绿化工程市场进行行业管理,根据三定方案,主要包括以下权限:①对全市新建、改建、扩建的园林绿化工程进行安全质量监督和管理;②受市绿化市容局委托,对全市及外省市进沪园林绿化企业进行诚信管理及资质动态管理;③受市建管办委托,受理 200 万元以上园林绿化工程招投标管理及绿地委托养护项目招投标管理;④承担全市园林绿化工程及绿地委托养护项目的综合受理服务等。

工程管理事务站具体管理的主要依据有《中华人民共和国招标投标法》《工程建设项目施工招标投标办法》《建设工程工程量清单计价规范》《在沪建设工程企业诚信手册》等。

工程安全质量监督站具体管理的主要依据有《建设工程质量管理条例》《建设工程安全生产管理条例》《上海市植树造林绿化管理条例》《上海市绿化条例》《上海市绿化工程质量安全监督实施办法》等。

二、管理职能

根据"三定方案",工程管理事务站(工程安全质量监督站、园林绿化分中心)具体负责的管理事项包括:资质管理、招投标监管以及安全质量监管三个主要方面。

(一) 企业信息管理

1993 到 1994 年,全市园林绿化企业的资质由区县有关部门负责审批。1995 年建设部颁布《城市园林绿化企业资质管理办法》《城市园林绿化企业资质标准》,根据市建委授权,工程管理站审批全市园林绿化三级、非等级企业资质,初审一、二级企业资质,负责资质年检及外省市园林绿化企业进沪管理。2004 年国务院颁布《行政许可法》,根据建设部授权,7 月 1 日始,全市园林绿化企业资质管理权转移至市绿化局,工程管理站主要负责考核园林绿化企业施工工程的安全质量及企业赴外省施工等管理;负责市绿化局审批企业资质的相关信息,输入建筑业信息管理平台。

目前,对于绿化企业的资质认定已经取消。所有的企业不再区分级别。工程管理事务站主要是对企业的经营信息进行管理,如企业的注册信息、经营状况、诚信记录等。

(二) 招投标监管

园林绿化分中心主要负责全市园林绿化工程及养护工程的招投标监管。市绿化市容局成立后,园林绿化分中心增加市容、环卫项目的招投标监管。园林绿化分中心监管的招投标项目,历经上海市国家园林城市创建、世博园区园林绿化建设及后世博常态管理等三个阶段,2010 年项目达 684 项,面积达1 540万平方米。

园林绿化分中心在实施招投标监管过程中,严格程序管理及流程把关,规范、完善评标办法,增强对开标、评标场所的实时监控,做到招投标项目公开、公平和公正。

(三) 安全质量监管

为加强对园林绿化工程安全质量的监督管理,工程安全质量监督站根据园林绿化工程的特点,不断摸索监督方式和管理模式,形成一套适合上海实际的园林绿化工程安全质量的监管模式。

2001 年 7 月 1 日始,工程安全质量监督站监督方式由工程竣工验收后,出具合格或优良证书的核验制改为对建设单位负责竣工验收进行监督的备案制,对符合要求的竣工项目出具工程质量监督报告,作为工程竣工备案的条件之一。

全市园林绿化工程安全质量监督范围为公共绿地、防护绿地、附属绿地和其他绿地内新建、改建、扩建的工程等,监督时间从报监始,至出具监督报告止。

园林绿化工程安全质量监督的主要内容为执行国家和上海市有关园林绿化工程安全质量监督的法律、法规,编制工程安全质量规范、标准;对工程建设各方责任单位、个人进行安全质量监督检查;依据法规、验收规范,对工程关键部位、主要结构等安全质量验收进行监督;监督检查有关工程安全质量的施工技术、监理资料及检测报告,对发现的安全质量隐患,责令责任单位、个人限期或停工整改;对发生的安全质量事故,报告上级主管部门,参与事故调查处理及处理工程安全质量的投诉,开展安全施工、文明工地创建活动;对申报的优质工程进行资料、现场复核,监督工程竣工验收,对符合竣工要求的项目出具工程质量监督报告;对区县园林绿化管理部门监督的工程进行指导、协调等。

三、管理机制

资质改革之后,工程管理事务站(工程安全质量监督站、园林绿化分中心)管理的重点集中在招投标的流程管理和对施工现场的管理上。

(一) 招投标管理

园林绿化工程的程序管理主要为受市建管办委托,受理 200 万元以上园林绿化工程的招投标管理,受理全市绿地委托养护项目的招投标管理。2000年市建设工程招投标管理办公室、市建设工程交易中心联合发文《关于本市园林绿化项目集中在园林绿化分中心交易的通知》,规定全市涉及园林绿化工程项目的市场招投标监管由园林绿化分中心负责。园林绿化分中心对工程项目的招投标监管,参照建筑业市场监管的法律、法规执行。2007 年为加强对绿化养护市场的监管,市绿化局出台《上海市公共绿地和行道树养护招标投标管理办法》。根据该办法,招标的流程主要包括:

1. 招标的方式

招标的方式根据邀请投标人的方式分为公开招标和邀请招标。根据是否由自己从事招标分为自行招标和邀请招标。

2. 招标信息的发布与备案

纳入公开招标的绿化养护项目,招标公告必须在市绿化门户网或相关政府采购网上发布。招标公告应当载明招标人的名称和地址、项目的性质及规模、对招标人的资格要求及入围方式等。招标人或其委托的招标代理机构应当保证招标公告内容的真实、准确和完整。纳入邀请招标的绿化养护项目,招标人应以书面邀请书的方式告知拟投标单位,并载明项目名称、地址、性质等。

招标人或其委托的招标代理机构应当根据招标项目的特点和需要编制招标文件。招标文件应当包括招标项目的技术要求,投标报价要求和评标标准等实质性要求以及签订合同的主要条款。招标人不得向他人透露可能影响公平竞争的有关招投标的情况。

招标人在发出招标文件前二天,应当持招标文件样稿到市绿化工程事务管理站备案。招标文件澄清或者修改的部分也应到市绿化工程事务管理站备案。

3. 投标

投标人应当根据招标文件的要求编制投标文件。投标文件应当对招标文件提出的实质性要求和条件作出响应。投标人在招标文件要求提交投标文件截止时间前,将投标文件送达指定地点;在招标文件要求提交投标文件的截止时间后送达的,投标文件为无效投标文件,招标人应当拒收。提交投标文件的投标人少于3个(不含3个)的,招标人应当依法重新招标。

招标人可在招标文件中要求投标人提交投标担保。投标担保可以采用投标保证金、投标保函等方式。保证金应视标底的大小,按养护工作量的百分之一收取,最高不超过两万元。

投标人之间或者招标人与投标人之间不得串标。

开标应当在招标文件确定的提交投标文件截止时间的同一时间、在招标文件确定的地点公开进行。

4. 评标

评标工作由招标人组建的评标委员会负责。评标委员会人数为5人以上单数,其中招标人、招标代理机构以外的技术、经济方面的专家不得少于成员总数的三分之二。

评标委员会应当按照招标文件确定的评标标准和方法,对投标文件进行评审和比较,招标人应当给予评标委员会足够的阅标时间。

评标委员会成员应当提供书面评审意见。评标委员会将评标过程与结果形成书面评标报告,提交给招标人。根据养护项目的不同特点,招标人可以分别采用经评审的最低投标价法、综合评估法或者法律法规允许的其他评标方法。招标文件中没有规定的方法和标准不得作为评标的依据。

5. 中标信息公布及报备

招标人应当自确定中标人之日起 15 日内,向市绿化工程管理站提交书面报告。市绿化工程管理站自收到书面报告之日起,应及时将中标信息在市绿化门户网或相关政府采购网上公示 3 天。在公示 3 天内未提出书面异议的,招标人可以向中标人发出中标通知书,并将中标结果通知所有未中标人。

招标人和中标人应当自中标通知书发出之日起 30 日内,按照招标文件和中标人的投标文件确定的内容订立书面合同。自订立书面合同之日起 7 日内,招标人应当将合同送市绿化工程管理站备案。招标人和中标人不得再行签订背离合同实质性内容的其他协议。

(二) 现场管理

园林绿化工程的现场管理分为工程质量监督管理和工程安全监督管理。工程质量监督管理主要对全市新建、改建、扩建的园林绿化工程进行质量监督和管理。工程安全监督管理主要对全市新建、改建、扩建的园林绿化工程进行安全监督和管理。园林绿化工程现场监管的主要依据为《工程质量监督工作导则》《上海市建设工程质量安全监督工作规定》《关于进一步规范本市园林绿化建设工程管理的通知》等相关文件。根据这些文件,目前,工程管理事务站对于现场管理主要包括以下两个方面:

第一个方面,对于现场人员的配备要求。经过行政审批改革之后,园林绿化企业的资质认定取消,安全生产许可证也被取消。原来根据资质确认承担工程规模的管理模式不再适用。为了保证相关企业能够按时按质完成相关合同,保证相关工程的安全施工,相关企业在承担绿化工程的时候,必须配备制定人数的人员。关键的人员在施工周期内必须使用在工程项目中,不得承接其他项目。例如,根据最新的要求,小于或者等于 800 万合同标的的项目,相关建设单位必须配备项目负责人(具备本专业中级或者中级以上职称)1 名、安全员 1 名、质量员 1 名、材料员 1 名。其中,项目负责人不得同时承接其他项目。大于 2 000 万的项目中,相关建设单位必须配备项目负责人(具备本专业中级或者中级以上职称)1 名、技术负责人(具备本专业高级职称)1 名、固定安全员 1 名、安全员 1 名、施工员 1 名、质量员 1 名、材料员 1 名、材料员 1 名。其中,项目负责人、技术负责人、固定安全员、质量员和施工员五个岗位的人员在工期内不得承接其他项目。借助于施工人员数量要求的抓手,工程管理事务站能够在一定程度上保证工程的质量和安全性。

另一方面,对于施工人员的到场要求。相关人员的配备不能仅仅停留在纸头上,必须要能到达现场,才能真正发挥作用。因此,工程管理事务站现场管理重要的方面就是现场检查相关人员是否到场。这主要有两个方法:一是传统的执法人员现场调查,通过例行检查、随机抽查、不定期检查等方式对相关人员到场的情况进行检查;二是通过现代的信息化技术确保相关人员到场。根据《关于在本市建筑工程施工现场推行管理人员实名制管理的通知》(沪建管〔2015〕511 号)文件的精神,上海市建筑工程项目都需要采用"上海市建筑工程现场管理人员实名制信息系统"(以下简称"管理人员实名制系统")进行管理技术人员实名制信息采集和进退场登记。施工总包企业、监理企业应当在质量安全措施现场审核前和施工过程中对需要配置的管理人员(含施工专业分包和劳务分包等企业)进行进场登记。进场登记信息包括:从事管理岗位、所属企业、进场日期等信息。工作完成或调离项目管理岗位时,应当进行退场登记。通过技术层面的改进,完善相关台账,工程管理事务站可以在一定程度上实现对人员到场的管理。此外,工程管理事务站还通过竣工验收、信用管理等方式对绿化企业进行管理。

通过对改革开放之后上海市绿化工程发展历史的回顾,我们不难发现,整体而言,上海市绿化工程建设呈现出以下几个明显的特征:

一是对于绿化工作的认识逐步加深。在改革开放初期,我们对于绿化工作的认识仅仅停留在种树的这种直观感受上。伴随着社会的不断发展,以及绿化专业人才的不断加入,人们对于生活品质要求的不断提高,我们逐渐认识到绿化工作不仅仅是一个植树种草的工作,而是一个高度专业化的工程建设。建立在这一认识的基础之上,上海市绿化工作的思路、组织结构、工作机制等都发生了不同程度的变化。

二是管理水平逐步正规化、科学化的过程。伴随着对绿化本身的认识发生转变,上海市的绿化项目管理上面也在发生着重大的转变。从最早期的由各个单位自行负责绿化工作,逐步集中到上海市园林绿化管理处进行集中管理。上海市园林绿化管理处单独转变为园林绿化管理局,园林绿化也在城市规划中单列,这些都表明上海市将绿化工作认定为是一个具有独立特征属性的工作来看待。在成立园林绿化局之后,相关工作被进一步深化和细化,成立了工程管理事务站(工程安全质量监督站、园林绿化分中心),采取了类似于建设项目工程建设的思路对绿化项目进行管理。上海市绿化工作的正规化和科学化水平上升到了一个新的阶段。

三是政府监督管理模式逐步适应市场发展的需要。与上海市绿化事业逐步发展的同时,上海市绿化工程建设市场也在逐步形成。伴随着绿化市场的形成和发展,以及国家提出政府职能转变的要求,上海市对园林绿化市场的监管模式发生了变化以适应市场经济的发展需求。过去政府对于绿化工作的监管是直接参与绿化项目建设并加以监督和指导的模式。这种既做裁判员又做运动员的管理模式显然不能符合现代社会发展的需求。经过这么多年的发展,目前,上海市已经逐步形成了政府事前的招投标管理和企业资质管理、建设过程的安全质量管理、验收管理等全流程监管的模式,并不直接参与绿化工程的建设。同时,有关部门通过公开、公平的机构运作,减少前置审批环节和条件,优化监管流程,提高效率,进一步适应市场化运作背景下的绿化工程行业的发展。

综上,上海市的绿化工程建设监管整体上向着更加科学化、规范化和更加适应市场环境的方向上发展。

第二章 园林绿化工程特点、监管方式及其理论支撑

园林绿化已成为改善生态环境、促进城市可持续发展、提升城市品位和素质的主要指标,得到了各国及各大城市的高度重视。

近年来,我国城市园林绿化得到较快的发展,园林对于提升城市形象、创建舒适的城市生态环境,提升城市影响力具有重要意义,是当前城市建设的热点工程之一。在园林工程的整体建设中,园林绿化工程管理对于园林工程质量有着决定性的意义。我国的园林工程起步较晚,园林施工管理与后期养护还存在着许多问题,而园林施工管理与后期养护还存在许多问题,上述《方案》《通知》等对园林绿化工程市场监管和现场监督模式进行了重大调整,逐步建立起统一开放、竞争有序、诚信守法、监管适度的园林绿化建设市场政府监督体系,推动上海的绿化工程建设市场的健康发展。

一、园林绿化工程项目及其特点

(一) 园林绿化工程项目

园林绿化工程项目主要是指园林产品的施工过程或成果,属于工程项目的一类,具体而言,园林绿化工程项目可以是指一个单项工程的施工,也可以是指单位工程的施工。园林绿化工程项目的管理是以园林绿化工程项目为主要对象,以实现项目目标为主要目的,一般以项目经理责任制为基础形成的一套施工项目管理制度与方法体系,来对园林工程施工质量进行有效控制。园林工程施工主要可以分为施工前准备阶段、项目施工阶段以及后期养护阶段,要做到对项目进行全面质量管理,需要项目的每一个阶段都实施行之有效的管理。

（二）园林绿化工程项目特点

园林绿化工程项目一般具有固定性、长期性与特殊性等特点，主要表现为以下方面：(1)固定性。园林绿化工程项目一般具有不可移动性，主要的受众为周围的市民；(2)长期性。园林绿化工程项目包括土木工程与各种花卉草树，其中许多植物需要长期保养，因此园林绿化工程项目除了土木工程之外，还需要对植物的种植情况进行了解，对植物进行长期养护管理；(3)特殊性。与其他工程项目相比较，园林绿化工程需要将绿色植物与园林工程相结合，在植物与景观的搭配、与周围环境的搭配方面具有特殊性，因此在施工管理中，不能以一般工程项目的质量控制方法进行管理。

（三）园林绿化工程项目管理内容

园林工程施工项目管理的主要内容包括以下几个方面：(1)施工前管理准备。园林绿化工程项目是一项系统性工作，除了绿化施工之外，还涉及给排水施工、电气安装等多项工程，为了确保园林质量，需要考虑多方面的需求。为了确保园林绿化工程项目施工效果，提升园林绿化工程项目施工效率，需要做好施工前管理，对整体工作做好整体规划，明确施工管理措施与方法。(2)施工过程中管理。园林绿化项目施工过程中的管理主要是对项目现场管理和安全管理。园林绿化项目在施工过程中，必须按照施工图的规划设计，加强园林施工质量的管理。施工安全管理是在施工过程中，必须考虑到施工中存在的各类风险，时刻加强施工安全管理。施工现场管理是对园林绿化工程项目施工过程中的施工现场进行管理，按照设计理念与所搭配的植物特性进行持续动态施工管理，确保绿化施工环节的成品质量。(3)施工后期养护管理。园林施工后期管理是园林工程的重要环节，后期的养护管理对园林景观的成果具有非常直接的影响，缺乏合理的养护管理会导致植被树木成活率低、树木不整齐、病虫害严重等问题，严重影响景观设计及施工质量。

（四）园林绿化工程项目监管模式

1. 政府和市场联合监管的模式

政府和市场联合监管模式又分两类：以政府为主导、民间参与的模式和以民间为主导、政府委托或监控的模式。

一是以政府为主导、民间参与园林公共工程监管的模式。最典型的是美国。美国作为一个市场经济体制高度发达的国家，其市场调节机制非常成熟，政府一般不会直接插手经济事务,但是美国政府对园林建设工程质量的监管采取了截然不同的态度,美国政府的建设主管机构可以直接参与园林建设工程质量的监督和检查,对公共工程质量的监管还设立了专门的监管机构和特殊的监管机制,由政府成立专门的工程质量监督主管部门并派出相关人员全面、具体地对工程实施监督与检查。美国政府对公共工程和私人工程中的住房工程的管理分别由总务管理局和住宅与建设部来管理。

二是以民间为主导、政府委托或监控的模式。一类是政府监控模式,法国作为该模式的代表,政府通过制定完备的法律、法规和技术标准,依靠独立的第三方质量检测机构,并辅以强制性工程质量保险手段来保证园林建设工程的质量控制。另一类是政府委托模式,比如德国在园林工程建设过程中,政府不直接参与建设工程的监督和管理,而是由政府主管部门委托授权,由国家认可的社会质量监督机构对所有新建的园林工程和涉及结构安全的改扩建工程进行强制性监督审查,但由于公共工程的特殊性,政府针对公共工程制定了更为严格的监管制度。首先,在公共工程的立项环节,政府为保证立项的可行性和科学性,规定公共工程项目都要经过符合资质要求的咨询中介机构的评估论证;为保证咨询中介机构的独立性和权威性,政府加强对工程咨询业的管理,对相关人员实行更为严格的个人执业资格认定和执业注册管理制度。其次,公共工程一般应根据专业性质分别由不同的政府专业机构进行严格的管理,即由政府专业机构行使业主的职能,建设完成后,再交付需求部门使用。

2. 政府全方位监管的模式

园林公共工程的质量直接关系着公众的安全与健康,而政府作为公共利益的代表,其特有的、公正的、权威的社会角色能保证其在公共工程市场行使监督与检查职责时,对公共工程各参建方均保持客观、公正的态度,因此各国政府或直接或间接地作为管理者参与公共工程市场的监管。在发达国家和地区对公共工程政府监管的模式中,无论是政府主导、民间主导抑或是政府全方位监管的模式,政府均在其中担负着重要的角色,发挥其应有的作用。

我国香港地区经过多年的发展,积累了丰富的园林公共工程监管经验,形成了政府公共工程全方位监管的模式。政府从公共工程的立项到工程建设的合同管理环节,围绕公共工程建设资金的使用、工程质量监管等问题形成了一套具有自身特色且行之有效的规制方法,比如项目前期管理阶段的工程立项晋级制度,招标投标阶段的承建商、供应商认可名册管理制度,施工阶段的严格合同管理制度等。此外,还建立了社会公众多渠道参与公共工程建设的监督机制。

二、园林绿化工程监管方式的转变维度

本次监管改革积极创新新型的市场监管和现场监管模式,不断深化行政审批制度革新,优化调整园林绿化施工企业资质审批管理方式。园林绿化工程建设管理方式的四个转变具体表现为:

(一)从过去的侧重事前审批向加强事中事后监管转变

过去的资质管理是一种设定"门槛"的事前管理方式,企业要想进入该领域首先要获得资质这个"入场券",各级行业主管部门对市场的管理主要停留在核准审批企业资质等方面,重审批轻监管的问题普遍存在。在缺乏事中事后监管的大环境下,一些企业在获得资质后,通过减少专业技术力量来降低企业经营成本,造成技术管理力量不足,甚至通过出借资质收取管理费谋利,引发工程质量和安全问题。资质取消及《规定》的出台,消除了市场准入的"门槛",让更多具备相应能力的企业可以参与市场竞争,促使行业企业根据自身经营情况配置专业力量,合理分配社会资源。而如何确保工程质量,要求各级园林绿化主管部门通过工程实施过程中的质量安全监督和竣工后的综合评价等事中事后监管措施来实现。如《规定》第九条明确"城镇园林绿化主管部门应当加强对本行政区内园林绿化工程质量安全监督管理,重点对以下内容进行监管:(一)苗木、种植土、置石等园林工程材料的质量情况;(二)亭、台、廊、榭等园林构筑物主体结构安全和工程质量情况;(三)地形整理、假山建造、树穴开挖、苗木吊装、高空修剪等施工关键环节质量安全管理情况。园林绿化工程质量安全监督管理可由城镇园林绿化主管部门委托园林绿化工程质量安全监督机构具体实施。"

(二)从过去全面考核企业条件向重点考核企业承担工程的能力转变

原先实行企业资质核准时,对包括考核企业固定资产、注册资金、苗木基地等各方面内容进行审核,而《规定》则更加侧重于企业履约能力的考察,如第三条"园林绿化工程的施工企业应具备与从事工程建设活动相匹配的专业技术管理人员、技术工人、资金、设备等条件,并遵守工程建设相关法律法规",第

四条"园林绿化工程施工实行项目负责人负责制,项目负责人应具备相应的现场管理工作经历和专业技术能力",第五条"综合性公园及专类公园建设改造工程、古树名木保护工程,以及含有高堆土(高度 5 米以上)、假山(高度 3 米以上)等技术较复杂内容的园林绿化工程招标时,可以要求投标人及其项目负责人具备工程业绩",第六条"园林绿化工程招标文件中应明确以下内容:(一)投标人应具有与园林绿化工程项目相匹配的履约能力;(二)投标人及其项目负责人应具有良好的园林绿化行业从业信用记录"。

《规定》明确了承包园林绿化工程相匹配的专业管理技术人员和技术储备要求,目的是要选择有能力且信用记录良好的企业。园林绿化工程施工管理同其他工程相比,需要施工单位具备一定的现场二次设计能力,这就需要配备专业的工程管理技术人员。其中,工程项目负责人应当具备园林绿化专业知识背景和园林专业技术职称,并应具有相应工程管理的经验;对于相对复杂的园林绿化工程,施工企业还应具有一定的技术储备,如类似工程业绩、工法等。以上可以看出,《规定》的要求是与时俱进的,因为决定企业能否承担工程的最重要的因素是能力,只要具备了相应能力,就可以参与市场竞争。理论上企业没有资金可以贷款,没有设备可以租赁,苗圃早已经社会化,没有苗圃可以在苗木市场购买苗木,等等,这些可以不用事先设立阻碍企业参与市场竞争的条件。《规定》的相关条款符合当前党中央国务院关于"放管服"的要求,也符合新形势下规范市场的客观要求。

(三)从过去相对集中在上层的管理向注重加强基层管理的转变

原有企业资质的管理权限主要集中在部、省(区)、市三级住房城乡建设(园林)部门,一级企业资质的由部里核准,二级以下企业资质的由省市主管部门核准。这一管理多集中在管理体制的上层,而园林绿化工程最直接的发生是在基层,基层管理部门是最具发言权的,发挥基层管理部门的监管作用,是保证园林绿化建设质量和水平的关键环节。因此《规定》第十条要求:"园林绿化工程竣工验收应通知项目所在地城镇园林绿化主管部门,城镇园林绿化主管部门或其委托的质量安全监督机构应按照有关规定监督工程竣工验收,出具《工程质量监督报告》,并纳入园林绿化市场主体信用记录。"第十一条:"园林绿化工程施工合同中应约定施工保修养护期,一般不少于 1 年。保修养护期满,城镇园林绿化主管部门应监督做好工程移交,及时进行工程质量综合评价,评价结果应纳入园林绿化市场主体信用记录。"以上规定充分体现了充分发挥基层管理部门作用的要求。

（四）从过去的注重企业条件管控向注重企业行为结果评价管理转变

与以往前置性审批的管理方式不同，《规定》明确住房城乡建设部门将通过建立信用管理体系、开展信用管理的方式来实施市场监管。《规定》中明确了各级主管部门的工作分工，如第十二条："住房城乡建设部负责指导和监督全国园林绿化工程建设管理工作，制定园林绿化市场信用信息管理规定，建立园林绿化市场信用信息管理系统。"第十三条："省级住房城乡建设（园林绿化）主管部门负责指导和监督本行政区域内园林绿化工程建设管理工作，制定园林绿化工程建设管理和信用信息管理制度，并组织实施。"第十四条："城镇园林绿化主管部门应加强本行政区域内园林绿化工程建设的事中事后监管，建立工程质量安全和诚信行为动态监管体制，负责园林绿化市场信用信息的归集、认定、公开、评价和使用等相关工作。"

《规定》最后明确"园林绿化市场信用信息系统中的市场主体信用记录，应作为投标人资格审查和评标的重要参考"至关重要，体现了事中、事后监管、评价的结果要与企业参与市场竞争的条件挂钩。建立园林绿化市场信用管理体系，是符合现代社会管理方式的大趋势，是各行业都在积极推进的一项重要工作，也是园林绿化工程建设管理的新探索。将大数据信息技术引入园林绿化行业管理，有助于提高行业管理的科学性、统一性、完整性、规范性，符合建立全国开放、竞争、公平、有序的现代大市场管理需要。

三、支撑监管方式转变的基础理论

在对这四个具体转变探索性研究之后，我们发现其背后的潜在的理论性支撑，对此，需要在"放管服"改革背景下讨论园林绿化工程的市场监管和现场监督，需要对治理与善治、"放管服"改革、行政审批制度改革、服务型政府理论、政府流程再造理论、"互联网＋政务服务"等相关涉及概念进行界定和厘清。

（一）治理与善治

"治理"正式被提出是在党的十八届三中全会上，即《中共中央关于全面深化改革若干重大问题的决定》中明确指出全面深化改革的总目标：完善和发展中国特色社会主义制度，推进国家治理体系和治理能力现代化。"治理"一词强调依法治理,主张立法先行,重视宪法的实施与监督,提倡良法善治,全面推进依法治国,健全社会主义法治体系,建设法治中国。重视程序制度建设,主张程序正义和实质公正。同时,要实现治理主体的多元化。治理主体不仅仅是行政机关,还包括公民和社会组织,有主导、有协同、有参与。充分重视维护公民的合法权益,主张权利与义务的统一,以权利为本,以民生为本。

治理的构成要素是指事物的构成成分或者组成部分。治理的构成要素应当是基于一种可实现的"效治",一种符合文明价值的"善治",一种实现公平正义效果的"法治"。多方共治,运用法治手段,追求人民福祉,这是"法治"的追求和导向。而要实现这一追求和导向,治理要素要特别强调:"按主导、协同和参与等的位序与层次,保证治理多元主体及相关利益人进入""有明确而具体的治理原则、制度和规则""治理主体对治理内容和程序享有说明告知和知情选择""决策共识、共利和共赢导向""提高信息公开透明度""监管机关及时、如实回应当事人需求""提升监管的法治效能""可追溯的责任承担和问责机制",以及和"受害人享有法律的救济渠道"等。这些要素是治理现代化的核心内容、价值导向和目标追求。

(二)"放管服"改革

"放管服"改革,是政府自身的一场深刻革命,是推动改革全面深化、转变政府职能的关键所在,是推动经济社会持续健康发展的战略举措。在 2015 年度全国政府工作报告中,要求"加大简政放权、放管结合改革力度",从而使得行政审批事中事后监管体制和方式能够更好的与市场及新兴业态的发展相匹配。2016 年度全国政府工作报告对上述施政理念又加以补充完善,要求"推动简政放权、放管结合、优化服务改革向纵深发展",不断提高政府效能。2017 年度全国政府工作报告,强调了深化"放管服"改革,对于国家处理好"政府—市场—社会"三者间的关系,尤其是处理好"政府—市场"间关系起着决定性的作用;同时,报告还指出"放管服"改革是"政府自身的一场深刻革命,要继续以壮士断腕的勇气,坚决披荆斩棘向前推进"。

总而言之,"放管服",就是简政放权、放管结合、优化服务的合称。具体而言,"放"即简政放权,降低准入门槛。政府对现有行政审批项目集中梳理,减少没有经法律法规授权的行政权,向市场和社会放权;明确不同部门间重复管理的行政权力,该"放"的"放"、该"减"的"减"。"管"即公正监管,促进公平竞争。加强事中事后监督管理职能,不缺位、不越位、不失管、不失责;利用新技术新体制创新事中事后监管方式,挤压权力寻租的空间。"服"即高效服务,营造便利环境。转变政府职能减少政府对市场的干预,减少对企业、社会组织、群众过多的行政审批行为,让他们少跑腿、好办事、不添堵,激发其活力和创新力;改进审批服务举措,优化审批服务流程,提供更加高效、人性化的审批服务。"放""管""服"三者之间,"放"是基础,"管"是手段,"服"是目的,只有三个车轮同时运转起来,改革才能"蹄疾而步稳"。

(三) 行政审批制度改革

行政审批制度改革是全面深化改革、转变政府职能的基础及重要突破口,起着承载"放管服"改革落地的载体功能。着力推进行政审批制度改革持续向纵深发展,是当前全面深化"放管服"改革的关键环节、重要手段,在整个"放管服"改革中起到了"先手棋"和"当头炮"的作用。2001 年 10 月,《国务院批转关于行政审批制度改革工作实施意见的通知》(国发〔2001〕33 号)中首次提出了"行政审批制度改革"这一说法,围绕清理公开行政审批依据、减少行政审批事项、改革审批运行及管理机制等内容,由国务院行政审批制度改革领导小组开展全面彻底的清理和改革。有学者认为,国发〔2001〕33 号的印发标志着中央政府正式启动了行政审批制度改革,可以视为国家层面启动行政审批制度改革的起点。[①]

《中华人民共和国行政许可法》在总则章节对行政许可下了明确定义,指出行政许可是行政机关根据公民、法人或者其他组织的申请,经依法审查,准许其从事特定活动的行为。在《中华人民共和国行政许可法释义》中,指出了"行政许可就是通常所说的行政审批"。那么,可以借用行政许可的法定含义作为行政审批的定义注解,从中还可以看出,行政审批的范围涵盖了行政审核和行政批准两方面内容。

行政审批是政府实现其管理职能的一种重要方式。可以一般的理解为行政审批是公共组织尤其是政府组织在管理过程中对社会经济事务进行干预、调控以及管理的一种权力手段,是政府组织发挥其职能作用开展行政管理活动的一项极其重要的制度,其主要部分或核心就是干预、调控、管理社会经济事务。行政审批制度改革就是通过放松监管、减少审批、优化流程,最大限度地给市场、企业松绑,从而降低行政相对人的办事成本和时间成本,提高政府

---

① 傅思明:《行政审批制度改革与法制化》,中共中央党校出版社 2003 年版,第 86 页。

效率效能、激发市场和社会活力。行政审批制度改革是一场以转变政府职能为起点及突破口的政府"自身革命",是行政管理体制改革的重要内容,也是规范政府权力和行为、规范和治理权力寻租不容忽视的方式和手段之一。从2001年开始的其后十余年来,中央政府、地方政府在行政审批体制、行政审批事项、行政审批流程、规范事中事后监管等方面进行了诸多实践,并取得了较为明显的成效。

（四）服务型政府理论

某一地实行成功的经验或理论套用到另一地未必能取得同样的效用,在具体的借鉴吸收过程中,必须要与自身实际紧密结合,因地制宜地将经验或理论调适到符合自身发展进程,方能获得应有功效,甚至达到事半功倍的效果。同样地,这里所说的服务型政府理论,并不是指西方以社会性公共服务为切入点的现代公共服务体系建设理论,而是指中国学者将中华民族传统文化、中国特色社会主义时代特点与部分西方政府建设理论借鉴相结合的产物。这里所说的服务型政府理论具有鲜明的中国特色。中国特色的"服务型政府"理念,强调以人为本,强调全心全意为人民服务,更加突出全面深化改革、转变政府职能,以期在经济调节、市场监管、社会管理和公共服务等方面充分发挥作用,为社会主义现代化建设提供保障。

建设服务型政府作为政府全面深化改革的一个方向,其核心理念是变管理为服务,积极转变政府职能,提升政府提供公共物品及服务的效能及效率。服务型政府是一个具有核心竞争力、民主负责、法治有效、为全社会提供公共物品和服务、实现合理分权的政府。服务型政府的时代定位,体现为由全能型、审批型转变为服务型,由高成本向高效率的转变。

习近平总书记在党的十九大报告中明确指出,"转变政府职能,深化简政放权,创新监管方式,增强政府公信力和执行力,建设人民满意的服务型政府",进一步给为市场松绑、为企业和社会组织解套指明方向。建设服务型政府既是行政审批制度改革最终目标,也是实现目标的手段和举措,对持续深化行政审批制度改革提出了具体要求。政府要切实持清权力清单和责任清单,该放的放,该去的去,该管的管,充分厘清政府与市场、社会的权责界限,积极培育扶持社会中介组织,将市场和社会能自行解决的事项交还市场和社会。政府通过社会组织来实现更高层次的宏观管理,逐步向服务型政府转变,从而实现政府、市场、社会的良性互动,增强市场活力,提高资源配置率。

(五) 政府流程再造理论

政府流程再造理论兴起于 20 世纪 90 年代的美国,政府流程再造是指对政府行政管理过程中权力运转环节及程序进行类似企业化、市场化的转型重构,提高权力及业务运转效率、效能,更加强调政务服务对公众需求、市场需求的适应性变革。简言之,政府流程再造就是用企业化、市场化流程机制来取代官僚制的繁文缛节,以持续的变革改进公共体制和公共组织的对内、对外服务流程,而不必依赖外力的驱使。政府流程再造采取目标、激励、责任、权力、文化 5C 战略完成变革途径再造。

奥斯本和盖布勒就政府改革(重塑政府)提出了十大原则,这十大原则也常被学者运用到讨论政府流程再造的研究中去。奥斯本和盖布勒认为,政府的作用是掌舵,是催化引导,而非介入划桨;政府应该充分授权地方或社区,并将竞争机制注入提供服务中去;政府履职尽责应该更具有使命感、事业心,要追求效果、以顾客为导向,并且对其行政行为具有预见性;还提出要通过市场的力量来推动政府改革等理念。

从行政行为的角度来看,政府通过对行政管理过程中各个环节、程序、职能、权责等的重新优化组合,削减制度运行成本,促使行政权力行使的效率、效能和效益的提升。从政府流程再造的操作路径上来看,由于行政审批与市场、社会的直接面对的特性,其改革更易提高市场、社会对政府的满意度,因此审批流程的再造,在很多国家或地区,都被视为政府流程再造的重要表现形式和实现路径。

(六) "互联网＋政务服务"

国内"互联网＋"的理念,于 2015 年在全国政府工作报告中得以明确提出,同年,《国务院关于积极推进"互联网＋"行动的指导意见》(国发〔2015〕40号)对"互联网＋"在政府行政管理过程中的运用做了细化指导。简单地说,"互联网＋"就是将信息技术手段和方式方法运用融合到各个传统行政管理领域中去,用互联网思维、大数据思维来拓展新的发展状态。"互联网＋"是新技术革命时代,社会信息化和政府改革的理论产物。

在 2016 年度的全国政府工作报告中,明确提出了"互联网＋政务服务"的理念,提出要用"互联网＋"让政府变得更"聪明"、更"高效"。"互联网＋政务服务"是指政府通过部门间数据共享和线上传输,将信息互通共享给公民、法人或其他组织,将部分公共服务需求线上解决,从而舒缓信息传递的资金、人力和时间成本,让公民、法人或其他组织少跑腿、好办事、不添堵的一种政务服务体系。"互联网＋政务服务"是政府信息化发展的定位问题,涵盖数字鸿沟、隐私和安全保障、网络式民主、标准化及宣传与现实间的差距等方面。

推进"互联网＋政务服务"主要涉及优化再造政务服务、融合升级平台渠道、加强新型智慧型城市建设三方面措施。譬如,推进服务事项网上办理,线上线下审批服务平台融合发展、无缝对接,健全完善审批服务制度以及标准规范,强化信息安全保护,等等。

第三章 优化行政审批流程、提高行政效能

党的十九大、十九届三中全会对推进"放管服"改革和深化行政审批制度改革提出了明确要求,中央关于深化党政机构改革文件提出了进一步简政放权、改进服务方式的要求。各地各级在推进"放管服"改革和深化行政审批制度改革中出台了一系列文件和措施,如实行集中审批、不见面审批等方式,减少中间环节,方便群众企业办事,取得了较好成效,受到了社会好评。

一、行政审批的内涵及其维度

(一) 行政审批概念

行政审批作为政府管理的一种方式,在我国有着非常悠久的历史,公元前就已经出现了它的雏形。《逸周书·大聚解》载:"禹之禁,春三月,山林不登斧,以成草木之长;夏三月,川泽不入网罟,以成鱼鳖之长。"这条大禹时期的禁令也被认为是政府干预的最早的记录。国外行政审批思想最早出现在古罗马时期,尽管行政审批思想出现的非常早,但是现代意义上的行政审批直到19世纪才开始形成,真正流行并被广泛应用到各国政府管理中是在20世纪30年代爆发世界性经济危机之后开始的。经过长期的发展,行政审批历经自然经济、计划经济和市场经济,如今已经渗透到社会经济的各个方面。

行政审批是一项非常复杂的行政现象,它是政府宏观调控和干预市场经济的一种重要手段,学界对其概念有多种看法,主要围绕行政审批和行政许可之间的关系来进行阐述。一种理解是将行政许可作为行政审批的一部分,将行政审批定义为:行政机关、法律法规授权组织或其他拥有行政审批权的组织根据自然人、法人或其他组织依法提出的申请,经依法审查,准予其从事特定活动、认可其资格资质、确认特定民事关系或者特定民事权利能力和行为能力

的行为。行政审批方式多种多样,如审批、许可、登记、注册、认证、同意、鉴证等,行政许可是行政审批中的一种方式。另一种理解是认为两者的概念相同,行政审批就是行政许可,并且 2004 年颁布实施的《行政许可法》最终也采纳了这一说法,将行政许可定义为行政机关根据公民、法人或者其他组织的申请,经依法审查,准予其从事特定活动的行为。

(二) 行政审批治理意义

进一步优化社会主义市场经济体制的基本要求。我国实行改革开放已经四十年,经济发展取得了举世瞩目的成就,社会主义市场经济体制已基本建立。但是随着市场经济体制的进一步发展,市场作用与政府职能矛盾日益突出,其中行政审批制度就是引起矛盾的重要要素之一。党的十八届三中全会提出市场要在资源配置中起决定性作用,更好发挥政府作用,而现阶段行政审批制度形成的整体格局依然是政府在起到决定性的作用,这与党的方针政策和市场经济的要求不相符合。因此,必须要取消一些不必要的行政审批,缩小审批范围,尤其是通过市场调节能够解决的审批事项就让市场去完成,将原本属于市场资源配置的权力还给市场,最大限度地发挥市场的作用。

优化营商环境的内在要求。近几年来,随着深化行政审批制度改革的贯彻执行,营商环境变得越来越好。以"优化营商环境"为突破口,扎实推进"放管服"改革,切实理清政府权责,全面优化政府服务,进一步改善投资和市场环境,营造便捷、灵活、透明、公平、高效的营商环境,让市场拥有充分的自由度。所以说,行政审批制度改革能够进一步优化营商环境,推动经济的高质量发展。同时,随着世界经济的不断发展,全球经济一体化进程逐渐加快,各国之间无论是在政治、经济还是科技、文化等方面的竞争都越来越激烈,其中最核心的是政府行政能力和综合国力的较量。深化行政审批制度改革是建立适应全球经济一体化的现代行政审批制度的必然要求,是转变政府职能、改革治理方式、遵循国际秩序准则、全面激发我国市场活力和竞争力、不断扩大对外开放打下坚实基础的迫切要求。

充分释放和发展生产力的客观需要。行政审批制度改革,就是为了还权于社会,还原市场在资源配置中的决定性作用,规范政府的审批行为,清理不利于市场经济发展的生产关系,实现政府对市场经济有限、有效的宏观调控,扫除不符合生产力发展的障碍,是改进生产关系的重要手段。现行行政审批制度仍影响到生产力的发展,仍是制约和阻碍的重要因素之一。必须进行深化改革，不改革就无法更好地解放生产力。市场经济体制是有利于技术进步的体制，是有利于经济发展的体制。毫无疑问，改革行政审批制度是解放和发展生产力的客观需要，是建立与完善的社会主义市场经济体制并与之相适应的行政审批制度的必由之路。

打造廉洁政府的必然途径。腐败问题是古往今来各个朝代、各个国家都会存在的问题，并且这个问题一直都难以解决，其中突出的一方面就是掌握审批权的政府部门肆意妄为。经验表明，一个国家只要存在过多过滥的审批事项，腐败行为就会多发频发。行政审批涉及众多利益，有审批权力的行政机关想扩大行政审批范围，没有审批权的机关想尽办法获得审批资格，这其中不乏有一些利用职务便利谋求个人利益的官员，利用行政审批的权力滋生腐败行为。因此，深化行政审批制度改革、规范行政审批程序、建立有效的权力监督运行机制，有助于从源头上减少"权力寻租设租"等腐败问题的发生。

(三) 行政审批改革思维

创新改革思维。新一届中央政府成立后，将加快转变职能、简政放权作为新一届政府开门的第一件大事。李克强总理对深化行政审批制度改革多次提出高要求新要求。2015 年 3 月，时任上海市长杨雄专题强调，要把握中央的三个"新要求"，即审改的要求越来越高、依法审批要求越来越高、放管结合要求越来越高；突出四个重点，也就是推行"三张清单"制度，进一步取消和调整审批事项，加强事中事后监管以及加大力度建设政府效能。对此，要在法制的框架范围内，及时消化国家、市级层面的改革措施，对接浦东自贸区的审批经验，及时将审批改革措施落地。行政审批制度改革，既需要行政审批主体发挥主动作为、积极探索、善于突破的勇于改革精神，又要求敢于担当的精神。

坚持服务思维。法治思维其实也是一种"公仆"思维，即以服务型政府为其实现目标。行政审批部门及其工作人员要树立服务意识，完善一次性告知制、首问负责制、牵头部门负责制等制度。在对政府投资重大项目审批方面，审批部门主动对接企业，将服务前移，主动跨前一步，取得了一定的成效，这些做法有待总结推广。如继续推进和完善政府投资重大项目审批的"绿色通道""代办服务""告知承诺"等；归并统一区级层面审批数据交换平台；通过互联网移动终端技术，推出"项目挂号服务""网上预约"等方式，减少申请人在服务大厅的等候时间，进一步方便申请人。加大对审批申请人的咨询向导服务。

守住底线思维。课题组认为，目前行政审批制度改革继续大规模地精简，减少审批项目的空间已经日渐趋小,而要进一步提高审批效率、缩短审批时限,只能在流程优化上再做文章,但监管部门必须心里有底,而不是盲目地为缩短而缩短,忽视了底线思维。党员领导干部必须牢记法律红线不可逾越、法律底线不可触碰的原则。进一步完善科长、分管领导、主管领导三级审批体制,彻底杜绝审批中任何涉及吃、喝、卡、拿等的腐败现象。此外,底线思维还包括安全思维、法律思维和程序思维。以政府投资项目审批为例,必须坚守安全底线,项目审批不能触碰到安全底线;涉及各个行政审批部门的审批主体,在流程上可以并联、串联,实行告知承诺等方式,但必须守住施工许可证最后一道关,也就是说在施工许可证办出前,环保、征地等其他审批流程必须已经走完,同时,法律法规规定的程序底线亦不能突破,法律法规规定该走的流程不能省略。

二、行政审批流程改革面临的主要问题

因行政审批制度改革方案所确定的各项任务基本做到了有序推进,故上海市行政审批制度改革取得了上述有目共睹的成效。按照中央和上海市的要求,下一阶段深化行政审批制度改革,要从改革实践中存在的问题和难题入手。目前,上海市在优化行政审批流程、提高行政审批效能中面临的主要问题与困难,课题组认为,大致可以归纳概括为以下三个方面:

(一)思想认识还存在较大的差距

行政审批制度改革,是政府职能转变、提高行政效能、建设服务政府的重要举措。但是,由于部分领导干部和具体工作人员对行政审批制度改革的目的与初衷存在理解与认识上的偏差,从而对行政审批制度改革,尤其是对行政审批效能的提高产生了一定的负面影响。

不敢作为、不想作为的心态较为普遍。行政审批制度改革,既需要主动作为、勇于创新、善于突破的探索精神,又需要谨思慎行、敢于担当、不怕风险的责任意识。这两方面需求的内在矛盾性,导致各级行政审批主体更乐于被动地承担改革举措的具体执行者,而不愿意主动扮演改革举措的倡导者。在具体工作实践中,当改革举措与责任风险并存时,审批部门和审批者更多的是考虑自身责任问题,担心率先提出改革建议或实施改革设想,如果出现问题,会被追究"乱作为"的责任,形成一种对不合理的行政审批规定"不敢改"的心态。

正是这种心态,弱化了行政审批主体在行政审批制度改革中的主动性和进取性,导致行政审批制度改革缺乏必要的内在动力。

管制思维的方式尚未完全转变。由于管制思维方式的影响,一些部门还不习惯放手让市场在资源配置中发挥决定,因此,实践中用审批的方式配置资源的情况还比较多;"玻璃门""弹簧门"在一定范围内仍然存在,一些领域和行业通过许可证制度、核发执照、原材料管制等方式,限制新企业的进入。许多行政审批事项调整为备案之后,不但保留了很多前置性约束条件,而且在备案中大多需要进行实质性审查,而不是告知性备案和形式性审查。由于程序没有减少,有些事项的备案反而变得更加复杂,导致为行政相对人提供便利、加快市场准入的改革目的并没有真正实现。同时,审批中"搭便车"审批的现象还时有发生。

为行政相对人主动提供服务的意识还不是很强。调研中有部分企业表示,在行政审批制度改革中,企业并没有接到政策变动通知,到窗口办理相关手续时才知道政策要求有了新变化。再比如,各职能部门按照行政审批改革的要求都编制了行政审批办事指南,但是,调研中有部分企业反映,办事过程中没有从有效途径获得明确的办事指南,基本都遇到工作人员不同、答复也不同的情况。

对提高行政效率的重视程度不够。推行"两集中、三到位"的目的,是为了方便行政相对人,提高审批效率。但是,目前,与产业项目审批密切相关的"三委两局"审批科室入驻证照中心的程度并不完全相同,个别单位把证照中心窗口当成单位"收发室"或"咨询台"的想法还存在,从而导致审批地点、审批方式、管理形式虽然改变了,但实质授权还不到位,个别窗口还存在只能受理不能办理或现场办理能力不高等影响审批效率的情况。

(二) 体制机制建设尚未完全理顺

行政审批制度是一个上下关联、左右联系的复杂系统,需要上下左右整体协同推进。但是,由于顶层设计不足,在推进行政审批改革过程中,因体制与机制建设尚未完全理顺,而影响到区县政府及其职能部门进一步深化改革的情况还较多。

下放到区层面的行政审批事项不配套。由于中央和市政府职能部门改革的重点、节奏、顺序不尽相同,各职能部门间存在追求数量和各自为战的情况,导致区县政府职能部门之间、条块之间不同步、不衔接的问题。比如,目前取消和调整的行政审批事项大部分是大项中的子项,一些审批事项到底包含多少子项,区县级政府难以完全清楚地掌握这个"底数"。调研中,部分企业还反映,部分职能部门设计的行政审批流程,往往只考虑属于自己部门的这段流程,没有与其他部门或地方政府那段流程衔接。在条块分割体制下,由于区相关部门各自都得执行上级主管部门的规定,使得区政府各部门之间的协调难以实质性解决行政审批制度改革中这一问题。

行政审批评估评审中介服务存在集中性垄断问题。许多行政审批都会涉及评估评审的中介行为。评估评审行为的效率,直接影响到其后的行政审批流程和效率。目前,与审批有关的评估评审等中介服务的现状是:"红顶中介"集中垄断或相对垄断,行政相对人自主选择的权利基本被剥夺。评估评审耗时长、收费高,是企业对行政审批改革成效感受度不高的重要原因之一。比如,建设工程方案审批必须有行业评估文件,从行业中介召集相关专家召开评审会到最终出报告,一般至少需要2个月的时间。对于企业而言,这个时间拖得太长。类似的还有发改委、防汛、防雷、交通评估的中介评估机构也比较少,集中在几家,收费标准相对较高。

网上审批平台不兼容。虽然本市已经建成统一网上行政审批平台,但是,由于大部分审批部门的业务系统都是市条线统一开发,在区层面目前还无法实现互联互通。由于数据不能共享,导致平台实用性偏低,网上审批事项的材料递交形成"双轨制",即申请者在网上递交电子材料的同时仍须到窗口递交纸质材料。

事中事后监管出现改革中的"空窗期"。行政审批制度改革要求在精简行政审批事项的同时加强事中事后监管。但是,在行政审批改革过程中,加强事中事后监管往往难以做到与减少和调整行政审批事项同步推进,一定程度上会出现事中事后监管"空窗期"。

(三)相关法律规定存在滞后性与不协调的问题

法律的稳定性,使法律的具体规定往往滞后于动态改革的进程。在行政审批制度改革的具体实践中,区政府及职能部门遇到的应该改、想改、无法改的"天花板"困境,有一部分缘于相关法律规定的滞后性与不协调。

相关法律规定没有及时调整。行政审批制度改革要求减少审批环节、精简审批条件。但是,由于现有法律规定,主要是行政法规、部门规章以及地方性法规,并没有按照改革的精神和要求及时进行修订。因此,按照相关法律规范的要求,有些事项的审批还存在审批环节多、前置要件多、重复材料多等问题。比如,有关工程建设项目的审批。

相关法律规定缺失。行政处罚、行政诉讼都有简易程序的规定,而有关行政审批的法律缺少简易程序的规定。实践中,资金投入量不大,风险很小的建设项目与需要投入上亿资金的工程建设项目的审批流程同样需要经过繁琐的审批程序。

相关法律规定之间不协调,主要是不同部门之间的规定相互矛盾。在行政审批改革中,这种情况不但让区县政府及其职能部门经常面临左右为难的困境,而且也给行政相对人留下政府部门相互推诿、缺少效率的负面形象。比如,道路项目在验收阶段,建设管理部门要求道路要养护要保洁,必须环评验收先通过,道路才能开通。但是,环保部门规定,道路必须先开通,且开通之后达到70%的流量,才能评估道路的环境是不是达到了当初环评的要求。再比如,在房地产项目工程规划阶段,档案馆依法需要先收取规划档案,而在房管部门备案时,房管部门依法又要求企业提交规划档案原件。企业只能找档案馆开具证明借原件,造成重复劳动。

三、浦东行政审批改革的主要做法

针对这些问题,一些区县在市委、市政府领导下继续深化推进行政审批改革。其中浦东做法值得关注。浦东新区近期备受关注的试点全面展开和"证照分离"改革。由于试点不断改善用户体验,企业的"获得感"正在逐步提高。随着经验的积累和推广,"证照分离"试点将为我国的商事制度改革探出新路。

(一)浦东"证照分离"改革模式成重头戏

2015年12月,国务院印发《关于上海市开展"证照分离"改革试点总体方案的批复》,同意在上海市浦东新区开展"证照分离"改革试点,116项行政许可事项将按5种类型进行分类改革。根据方案,试点采取分类推进的方式,从与企业经营活动密切相关的行政许可事项中,选择116项行政许可事项先行开展改革试验,其中"证照分离"改革是一项重头戏,对新区进行全覆盖、全方位改革,一定要抓住改革的有利时机,为全国面上商事制度创新提供经验。在事中事后监管方面,浦东要率先形成体系和建立框架。

浦东"证照分离"改革模式分成五类:(1)取消审批。包括设立可录光盘生产企业审批等 10 项行政许可事项;(2)取消审批,改为备案。包括加工贸易合同审批等 6 项行政许可事项;(3)简化审批,实行告知承诺制。包括机动车维修经营许可等 26 项行政许可事项;(4)提高审批的透明度和可预期性。包括会计师事务所及其分支机构设立审批等 41 项行政许可事项;(5)对涉及公共安全等特定活动,加强市场准入管理。改革内容包括设立经营性互联网文化单位审批等 33 项行政许可事项。在五类改革中,前两类共 16 项事项涉及取消审批,需要等待上海市及国家层面修改相关法律,并在修法后一周内实行。目前实行的"证照分离"改革只涉及 100 项行政许可,其中属于市级事权的 58 项,属于区级事权的 42 项。①

此次"证照分离"改革,也被认为是商事制度改革的第三个阶段。此前第一个阶段,是指在上海自由贸易试验区设立之初,降低企业准入门槛,实行注册资本认缴制,取消最低注册资本。该举措已经适时在全国推广。第二个阶段,则是进一步明确了商事主体权利,把商事主体和经营主体分离。上海自贸区已于 2015 年 1 月率先推出了"先照后证"的 12 项改革措施,此后也已在全国推广。

(二) 浦东"扁平化"审批体制创新

2014 年 10 月,浦东推行了扁平化行政审批体制改革,主要集中在建立区域审批服务平台、下放行政审批权限、开展综合审批服务模式改革三个方面,制定了《浦东新区扁平化行政审批体制改革实施方案》。审批服务平台是搭载审批权限下放的重要环节,包括区级审批、区域审批、街镇审批的三级服务平台,结合审批流程再造,浦东打造了一个高效便捷的扁平化行政审批体制。目前,区级审批和街镇审批两大平台已经成熟。在区域审批方面,《方案》计划先行启动陆家嘴管委会、金桥管委会、张江管委会、世博地区办和自贸区委员会等"4＋1"区域的改革,建立第一批区域审批服务平台,启用以后,扁平化审批服务体制格局和下放事项目录逐渐形成。相应的审批事项从 242 项减少到 204 项,配套的网上联合审批系统也正式运行。

---

① 《100 项行政许可率先改革　　让办证不再难——浦东"证照分离"试点观察》,http://www.sh. xinhuanet.com/2016-04/13/c_135275213.htm,最后访问于 2016 年 4 月 25 日。

四、优化行政审批流程的对策建议

课题组认为,在严格落实执行现有改革方案和具体改革举措的基础上,应当以提高各级领导干部和具体工作人员的思想认识水平和执行力为切入点,以提高行政审批的效能为重点,让改革举措真正落地,从而最大限度地提高企业、市民的满意度、获得感,不断缩短与改革目标的差距。

(一)不断提高各级党员干部的思想认识水平和执行力

排除体制机制法制层面的原因,行政审批效能不高的另一个主要原因应当是人的因素。在一切工作中,归根结底发挥重要作用,甚至起到决定作用的因素都是人的因素。在推进行政审批制度改革中,亟须加强的"软件"建设,主要是指加强各级领导干部及具体工作人员对行政审批制度改革的思想认识及执行力。

对于具有决策权的区委、区政府来说,需要具备战略眼光、创新意识和法治思维。区既要贯彻执行国务院及市政府有关行政审批制度改革的精神要求,又要正确处理好改革与法治关系在本区的具体化、复杂化的问题。在作出与行政审批改革有关的决策和执行决策中,做到不偏离法治的轨道和大方向,同时,又需要培育创新思维,能够从新的视角看问题,能够在法治的框架下进行改革、突破、创新,从而既推动本区行政审批制度改革的进程,又不影响本区经济社会的有序正常发展。

对于作为执行层的区政府及其职能部门来说,要做好指导和规范工作,提高部门执行力。主要是指能够正常理解和执行行政审批制度改革的有关精神与政策要求。对于既有的不合理规定,要为审改决策者寻找一条既不改变既定不合理规定、又能一定程度上解决问题的路径。能够结合本单位、本部门的实际情况,通过集中培训、实地指导、典型案例分析等途径,将这些精神与政策要求准确有效地传递给具体工作人员。

对于基层领导干部和具体工作人员,增强服务意识,提高服务能力和水平。具体实施审批的工作人员,要不断提高审批服务意识,能够不折不扣地将有关改革精神与政策要求贯彻落实到日常工作之中。

(二)以政府投资建设项目为突破口,进一步优化行政审批流程

经过多年的改革探索,目前建设项目的审批时限大幅压缩。产业项目审

批时间从法定的 578 天压缩到 179 天左右,缩减三分之二以上,但是由于不包括评估评审等时间,实际办理时间仍然相当长。在对企业满意度评价时,对建设项目审批周期长仍有较大意见。需要采取多种途径和方法,重点解决建设项目行政审批中存在的审批环节多、重复材料多、审批耗时长等突出问题,并以点带面地优化其他行政审批事项的流程。

1. 由发展改革委牵头,简化立项、可行性研究的前期审批程序

(1) 优化可行性研究报告审批。在可行性研究报告审批阶段,对于上报项目有部分要件不全的,如不涉及"底线管理"(生态安全、城市安全、节能减排等方面),原则上先予以受理,同步告知项目单位抓紧补办。可行性研究报告审批同步委托评估,项目已获得规划选址意见书的前提下,可先委托咨询评估。其中,投资额 5 000 万元以下的项目,原则上采取专家评估论证的简易方式进行。

(2) 实行简易审批程序。对于城市维护类项目参照固定资产投资项目管理,可实行简易审批程序,即合并审批项目建议书及可行性研究报告。对于由各街道实施的小额项目(投资 200 万元以下)经街道主任行政办公会通过后,即可进入政府采购等后续程序,同步报区发展改革委并联立项,加快项目实施。

(3) 缩短审批时限。在现有立项审批时限自正式受理起 20 个工作日内办结的基础上,时限缩短一半,即在 10 个工作日内办结。

(4) 加强咨询评估工作。发展改革委会同各行业主管部门及项目建设单位,探索对咨询评估机构的文本编制、评估等工作进行检查评比,重点检查工作质量、工作效率等情况。建立咨询评估机构"短名单"制度,优先选择评估机构。

2. 以施工许可证发放为底线,其他相关审批事项实施全程并联审批

(1) 规土局牵头优化实施规划设计方案的审批。可行性研究报告完成批复后,由区招标办同步启动设计、勘察招标工作;规土局、人保局同步办理同地规划许可证、供地批文、征地包干、劳动力安置工作;规土局实施建设用地审批,同时牵头组织规划设计方案征询形成批复意见。

(2) 建管委牵头优化实施初步设计方案的审批。规划设计方案完成批复后,建管委牵头组织初步设计方案征询及评审。初步设计征询及总体设计征询提前预审,设计方案批复尚在规土部门内部流转发文时,可提前进行初步设计或总体设计预征询。优化相关部门征询中有关绿化指标、民防工程、环境评

价的审批程序。优化初步设计技术经济评审,建设单位已按各个部门意见落实在初步设计中,但设计方案批复尚在规土部门内部流转发文的,可提前进行初步设计技术经济预评审。完成初步设计方案批复后,建管委负责联系施工图审图,取得审图意见。

(3) 建管委牵头实施施工许可证的审批。取得施工图审图意见后,由规土局发放工程规划许可证,招标办受理并完成施工、监理招标。最后,由建管委发放施工许可证。

(4) 在具体操作上,进一步优化联合会审制度。发改委、经委、建管委、规土局、环保局等各相关部门,根据各环节的审批要求,明确会议召集部门,确定相关会审单位,召开联审会议。尽可能精简会审后审批程序和缩短审批时限,达到联合会审预期成效。

(三) 以建造区行政服务中心为契机,推进审批事项标准化建设

随着公共服务功能的不断扩大,建设便捷、高效、集中化的"一门式"行政服务中心,已成为各地建设服务政府的一大举措。

按照"应进则进"的原则,进一步推进审批事项相对集中。除服务对象特定、服务事项较为敏感的审批部门和事项外,凡与企业密切相关的行政管理事项,包括行政审批、公共服务事项等,都应纳入行政服务中心办理。对于已经实施告知承诺的行政审批事项,原则上应当进驻行政服务中心。除了行政审批事项以外,区行政服务中心还应当承办部分涉及市民个人的行政服务事项,相关事业单位也可以入驻中心。双重管理部门和垂直管理部门的行政审批和公共服务事项,按照"便于工作、加强服务"的原则,适合依托行政服务中心集中办理的,也应当逐步予以纳入。

扩大"既受又理"范围,逐步实施受理和办理一体化操作。在窗口受理的基础上应当将审批科室入驻,其中 6 个部门的审批科室同步入驻。在已有 9 家部门受办一体的基础上,入驻行政服务中心的部门根据需要开设若干业务办理窗口,有些审批业务扩大的部门要增设业务窗口。

按照审批标准化要求,推进审批服务标准化工作。根据市编办、市审改办《关于认真做好行政服务中心视觉识别规范等三项地方标准贯彻落实工作的通知》,做好新中心建设《行政服务中心视觉识别规范》《行政服务中心建设和运行管理规范》《行政服务中心服务规范》三项地方标准的贯彻落实工作。

探索审批力量逐步下沉,优化配套服务便利措施。对于可以由镇、街道、

莘庄工业园区行政机关初审、区级行政机关终审的行政审批事项，或者区和镇、街道行政机关共同审批的事项，区行政机关应当会同区审批改革部门，研究将行政审批终审权下放镇、街道、工业区办理。进一步优化投资项目和符合本区产业导向项目事项的审批流程。涉及投资项目的审批事项，应当进入投资项目跨部门协同办理平台和系统办理。对于本区产业导向企业，设立登记的审批措施绿色通道措施。推动面向自然人的行政审批受理向街道和社区延伸，逐步实现申请人在街道和社区即可申请办理行政审批事项。

（四）整合和加强行政审批平台建设，利用网络平台方便百姓办事

推进跨部门协同办理平台的建设与应用，加强政务信息资源共享，不断拓展协同办理功能，简化办理材料、程序，优化办理流程。

明确牵头部门，整合各行政审批系统的数据交换及网络建设，统一数据标准和接口，推进政务信息资源交换平台的建设。在本区政务信息资源交换平台或者跨部门协同办理系统能够获得的本区行政审批部门出具的证照类文件（身份证明除外），行政审批部门应当通过政务信息资源交换平台获取，或者由跨部门协同办理平台予以推送，不得要求申请人提供。终审权不在本区的行政审批事项除外。

加大网上办事大厅建设力度，大力推进网上审批。行政审批部门实施行政审批，应当逐步纳入网上办事大厅集中办理，推进行政审批事项在网上全流程受理、审批、进度查询和反馈结果，涉及国家秘密等不适合网上办理的事项除外。行政审批结果应当公开，涉及国家秘密、商业秘密和个人隐私的除外。不适合网上办理的事项，由审批改革部门与服务机构共同审核确定，并依法制作不予网上办理事项清单，对外公布。

逐步开展移动审批平台建设，利用移动平台提供查询、预约服务。行政审批部门应当推行网上集中预受理和预审查，明确预审查完成的期限，并在收到预先申报的一个工作日内开始审核。行政审批部门可以通过网上预先申报为申请人提供服务和辅导，但不得因申请人未预先申报而不予受理其提出的行政审批申请。有条件的审批项目，可以探索移动平台受理、办理服务。

实施全过程记录，推行审批效能评估。一是行政审批部门应当从申请人递交材料起，记录行政审批的全过程，并制作纸质或者电子档案予以留存。二是对实施的行政审批事项数据进行统计，按照相关规定要求评估行政审批事项，并于每年定期，通过政府门户网站向社会公布。三是区审批改革部门应当通过"12345"等平台建立收集市民意见建议的机制，及时向行政审批部门提出整改建议，督促整改；并会同区监察部门，对优化行政审批流程实施情况进行检查。发现未落实相关审批制度改革规定的，由区监察部门启动问责程序。

（五）全面梳理评估服务机构，加大中介服务的引导与规范

为压缩行政审批中评估评审的时间，提高评估评审的效率，应抓紧落实《上海市人民政府办公厅关于本市行政审批评估评审技术服务机构与政府部门实行脱钩改制的实施意见》（沪府发〔2015〕80号）以及《关于抓紧做好列入脱钩改制清理范围的行政审批评估评审技术服务机构清单上报工作的通知》（沪审改办〔2015〕87号）两个文件。

全面梳理评估评审机构。要对本区各种从事评估评审的社会组织、企业、技术服务机构进行梳理，理清主管、托管、挂靠的部门、单位名称和所属关系，形成本区行政审批评估评审技术服务机构和服务项目清单。公布保留的行政审批评估评审目录和评估评审技术服务机构目录，并开展动态清理。推进脱钩改制，进一步规范评估评审技术服务工作。

评估评审项目要有规章以上的依据。行政审批部门可以根据法律、法规、规章规定，将行政审批的部分技术性审查环节，通过委托或者购买服务形式，交由中介机构或者其他组织承担。但委托或者购买服务不改变行政审批的实施主体和责任主体，不得延长审批时间或者增加审批环节。对于依法已经进行中介组织审查的行政审批材料，区行政审批部门不再重复审查。除法律、法规、规章外，区行政审批部门不得要求申请人委托中介组织开展服务，不得要求申请人提供相关中介服务材料，不得将一项中介服务拆分为多个环节。

具有监管职责的部门应当加强对中介组织的管理。制定完善中介服务的规范和标准，规范中介组织及其从业人员的执业行为，发现其有违法违规或不当审查情形的，依法处理，并记入本市信用信息系统。

推动评估评审机构行业协会的建立及作用发挥。鼓励行业协会制定行规行约和行业内争议处理规则，制定发布社会团体标准。支持行业协会监督会员遵守行业自律规范、公约和职业道德准则，对违反章程或者行规行约、损害行业整体形象的会员，采取相应的行业自律措施。

第四章　加强事中事后监管、转变政府职能

　　党的十八届三中全会提出,经济体制改革是全面深化改革的重点,核心问题是处理好政府和市场的关系,既要保证市场在资源配置中起决定性作用,也要充分发挥好政府的管理和协调作用。要把两者有机地统一起来,"既不能用市场在资源配置中的决定性作用取代甚至否定政府作用,也不能用更好发挥政府作用取代甚至否定使市场在资源配置中起决定性作用"[1]。为此,就要正确地全面履行政府职能。要做到"进一步简政放权,深化行政审批制度改革"[2],对"市场机制能有效调节的经济活动,一律取消审批,对保留的行政审批事项要规范管理、提高效率"[3]。这里就产生了一个问题:通过哪一种途径来进一步规范行政审批的管理和提高行政审批效率。解决这个问题需要采取一系列的手段与措施、分阶段地解决一系列的问题,但有一点是共同的,那就是要加强政府的事中事后监管,这对本市建设"四个中心"和实现将上海建设成综合性开放型科技创新中心和全球性都市的目标尤其重要。

一、事中事后监管的内涵及维度

(一) 何谓事中事后监管

　　一段时间以来,对事中事后监管这个名词引用的人很多,但无论是学术界还是实务界,几乎无人对其内涵做出明确的界定。事实上要讨论如何完善政府的事中事后监管,使其发挥应有的作用,首先就要明晰事中事后监管的内涵。

---

① 《习近平谈治国理政》,外文出版社2014年版,第117页。
②③ 参见《中共中央关于全面深化改革若干重大问题的决定》。

事中事后监管可以算是新名词,但与其相关的具体内容已经由来已久。严格意义上讲,从行政审批诞生的那天起,就有了事后监管的雏形,即批后监管,其主要包括对取得许可的相对人实施相关许可事项、履行相关许可义务的具体情况所实施的包括证照管理(变更、延续、补证、注销、许可撤销、撤回等)、监督检查、违法处理等在内的一系列监督和管理措施。常被人们提及的事中事后监管是在自贸区概念被炒热之后才产生的,现在对事中事后监管比较普遍的理解是"在简政放权为重点的政府职能转变这一大背景下,政府管理方式发生的变化",这种理解是有失偏颇的。

实际上,现在人们常常提到的事中事后监管是由两个完全不同的部分所构成的,一为事中监管,一为事后监管。其中,事中监管的实质是指政府为方便市场主体开展市场活动而将行政许可后置(如告知承诺制度、先照后证制度等),为有效管理、监督相对人短期内的各种市场行为,所实施的相关提示、督促和管理工作,以及由相关第三方、市场与社会共同实施的针对相对人各类市场行为的管理、监督活动。而事后监管的实质包含了两个层面的内容:一是在实施行政许可的前提下,相关行政许可部门所实施的许可后的证照管理、监督检查以及相关联的行政执法活动;二是在取消行政审批,原审批事项改由市场、社会自行管理之后,原审批机关为有效管理、监督相对人的各种市场行为,由相关行政管理部门所实施的发展战略、规划、政策、标准等的制定和实施工作;由相关行政管理部门所履行的宏观调控、市场监管、公共服务、社会管理、环境保护等职责的工作;由相关第三方、市场与社会共同实施的针对相对人各类市场行为的管理、监督活动。

(二)事中监管和事后监管的异同点

相同点。事中监管与事后监管的共同点有三:一是监管体系一样。两者都是"政府管理、行业自律、企业自控、社会监督"四位一体的监管管理体系。二是监管目标一样。两者都致力于抑制违法行为的发生、防止经济风险和社会风险的产生,并避免违法违规行为对社会秩序、经济秩序造成不必要的冲击。三是具体管理措施有较大的相通之处。事中监管的体制机制以及具体的管理措施在很大程度上可以被事后监管所延用。

不同点。事中监管与事后监管的不同点亦有三:一是时间长度不同。相对于事后监管而言,事中监管的延续时间很短,一般也就1—2个月,因此往往容易被忽视,进而带来相对较高的风险。相反,事后监管的延续时间很长,因此往往会受到比较大的重视。二是监管制度的成熟度不同。事后监管的体制机制因为有批后监管做基础,因此相对来说成熟度比较高,只是需要适度调整政府管理手段和重点解决政府管理延后导致部分权力真空的填补问题;事中监管的具体监管手段和措施尚处在较为落后,甚至没有的状态,更不用说社会、行业的监督和企业的自控了,因此建立与完善的难度会更高。三是监管制度的要求不同。事中监管是以行政许可的存在为前提的,因此事中监管的目的是避免行政许可后置所带来的风险,而事中监管的后续行为是批后监管,这在客观上使得事中监管的要求相对简单一些。事后监管中所含的行政许可的批后监管在相关法律法规中都有规定,在实践中的问题主要是由于"重审批、轻监管"的观念和实际做法所引起的,因此较为容易解决;其所包含的另一部分则是以行政许可的撤销为前提的,这对整个事后监管体制机制的建立与完善提出了比较高的要求。

(三) 事中事后监管必要性

加强事中事后监管是市场经济发展的需要。市场经济的发展具有其固有的缺陷,自由竞争的市场具有信息失灵、不完全竞争、市场调节滞后等缺陷。为保障市场活动的有序进行,必须加强监管以克服市场活动的缺陷。商事制度改革的实施,对市场主体的资本限制减少,营业执照的取得条件放宽,在"宽进"的大背景下,市场主体数量增加,原有的通过市场准入环节将市场主体的资质进行限制的目的,难以达到了。原有的在企业设立环节,通过企业最低注册资本,企业资本实缴制等制度,保障进入市场的企业是具有相应资本能力、可以开展商事活动、对交易安全有保障的市场主体。但是,在商事制度改革后,原有的限制条件取消了,只要符合企业设立的相关条件即可申请设立企业,不再具有资本制度的限制,而这其中企业的资本能力即成为进行市场交易的风险点,需要相应的监管主体,根据企业公示的相关信息、开展的经营活动,加强对其事中、事后的监管,以此保障商事活动的安全性。

(四) 事中事后监管基本原则

职责法定原则。职责法定原则即强调职权必须在法律授权的范围内行使。政府及其工作人员都要严格遵守宪法与法律,在坚持法律规定的职责必须履行、法律没有授权的事项不可以实施的原则的基础上开展工作。坚持职责法定原则,有利于明确各监管主体的监管职责,有利于权力主体认真履行法律明文规定的职责,有利于防止权力主体在法律没有授权的情况下随便作为。随着商事制度的改革,监管主体向多元化方向发展,监管措施向多样化方向发展,在此过程中涉及的监管主体增多,坚持事中事后监管立法职责法定,对各监管主体的监管职责进行明确划分,保障监管权在法律明确规定的范围内运行,保障事中事后监管效果的实现。

协同监管原则。协同监管原则即强调商事主体的相关信息可以在各监管主体之间实现共享,各监管主体之间加强协作,形成监管网,共同对商事活动进行监管。协同监管可以划分为两类:第一类是行政机关之间,各部门之间加强监管协作。第二类是行政机关与行业自律组织、社会主体之间,在事中事后监管的过程中形成协作。商主体一旦出现违法行为,该行为涉及的不同监管部门可以联合起来进行监管,也可以在其违法行为涉及的不同部门分别进行监管,以此提高监管活动的效率。在商事活动开展过程中,行业自律组织可以行使其自律管理的权力,对商事主体进行监管,并将此违法信息向相关行政机关进行反映,在其经营行为涉及相应行政机关时,对其行为进行限制。社会主体发现商主体有违法经营行为时,可以通过投诉举报平台,向行政机关进行反映,将其违法行为扼杀在摇篮中,并且做到发现一起违法行为,查处一起违法行为,真正做到违法必究。

信用监管原则。信用监管原则即在事中事后监管过程中注重对商事主体的信用进行监督管理。信用是市场经济发展的基石,体现了市场经济应该具备的道德与法律意识,是社会交往的基础。信用支撑市场经济的发展,市场经济的发展需要信用维系。随着商品经济的发展,信用便从一定地域范围发展到全国范围,信用对商主体的影响越来越大,商主体越来越加强了对信用的重视。商事制度改革对商主体的信用要求增强,加强信用监管立法成为事中事后监管的重点。在事中事后监管立法的过程中,坚持信用监管为核心,对信用激励、信用约束、信息公示等内容进行明确的规定。

严厉惩戒原则。严厉惩戒原则即加大惩戒力度,给予违法主体的惩罚,超过其给受害者造成的损害额。通过对商主体进行严厉惩戒,实现补偿、制裁、教育、预防的功能,既可以弥补受害者的损失,又可以对违法主体进行制裁,还可以弥补政府监管过程中的不足。因而,在事中事后监管法律的设置过程中,需要将严厉惩戒原则贯彻其中,提高商主体的违法成本,不仅实行超过违法成本的罚款措施,同时还将进行信用惩戒,长久地记入信用信息系统,以期达到惩戒商主体的作用,使商事活动的开展更加顺利与安全。

二、上海市政府事中事后监管的实践

上海是探索事中事后监管的先行城市,而中国(上海)自由贸易试验区(以下简称自贸区)更是事中事后监管的第一块试验田。这两年来,上海在该领域有着不少实践活动,并取得了一定的经验。这些活动主要涉及以下六个方面:

第一,推动事中、事后监管制度化建设。2014年3月,上海市政府颁布施行了《上海市行政审批批后监督检查管理办法》。主要内容包括:行政机关应当建立行政执法、行业自律、舆论监督、群众参与相结合的行政审批批后监督检查体系;行政机关内部应当分离行政审批的办理权和监管权,分别由不同的部门行使;行政机关对于每项行政审批应制定具体的监督检查制度;行政机关可以依法通过书面检查、实地检查、定期检验、抽样检查、检验检测等方式进行监督检查。提出创新监管方式,即通过多部门、多环节联手,实施综合监管;在批后监管中引入诚信管理,实施分类监管;对行政相对人开展网格化管理,实施动态监管;在批后监管中发挥行业协会的作用,实施自律监管。

第二,构建事中事后监管体系。在构建事中事后监管体系方面,主要围绕六大体系,形成了一整套监管手段:一是建立联合监管与协同服务制度。核心是建立信息服务和共享平台,推动各部门监管数据和信息的对接共享。二是建立综合执法制度。三是建立社会组织参与市场监督制度。推动社会组织在政府管理中发挥积极作用,适合由社会组织提供的公共服务和解决事项,交由社会组织承担,积极支持行业协会、中介机构等社会力量参与市场监督。四是建立健全社会信用体系。依托全市公共信用信息平台,对违法失信企业实施严格监管,营造失信企业"一处违法、处处受限"的信用环境。五是建立安全审查和反垄断审查制度。以维护国家安全和市场公平竞争为目标,建立健全经营者反垄断审查工作机制。六是建立健全综合评估制度。对重点行业开放情况、典型企业、特殊企业运营过程的代表性问题开展综合评估,建立年度评估和重大突发事项评估相结合的动态评估机制,加强风险监测防范。

第三,改革商事登记制度。上海在该领域的实践活动主要包括以下五个方面:一是注册资本认缴登记制度。除法律、行政法规对公司注册资本实缴另有规定的机构之外,其他公司实行注册资本认缴登记制;取消一般公司的最低注册资本、出资期限和出资比例的规定;公司股东对缴纳出资情况的真实性、合法性负责。二是"先照后证"登记制度。除法律、行政法规、国务院决定规定的企业登记前置许可事项外，企业向登记机关申请登记，取得营业执照后即可从事一般生产经营活动；经营项目涉及企业登记前置许可事项的，在取得许可证或者批准文件后向登记机关申领营业执照；申请从事其他许可经营项目的，应当在领取营业执照及许可证或者批准文件后，方可从事经营活动。三是年度报告公示制度。取消年检制度，企业在每年3月1日至6月30日通过市场主体信用信息公示系统向登记机关报送年度报告，并向社会公示；登记机关对企业年度报告进行抽查。四是经营异常名录制度。创新市场主体监管方式，建立经营异常名录制度，将未按规定期限公示年度报告或与登记的住所经营场所无法取得联系的企业载入经营异常名录，并通过市场主体信用信息公示系统向社会公示。五是外商企业实施新的管理方式。负面清单之外的领域，外商投资企业设立和变更由之前的审批制改为实行备案管理；外商投资项目由之前的核准制改为实行以备案制为主的方式。负面清单之内的领域，外商投资企业设立和变更实行审批管理；外商投资项目主要实行核准制。

第四，建设社会信用体系。上海市在该领域的实践主要包括三个方面：一是推动信息平台建设。开通运行了上海市公共信用信息服务平台，同时投入使用了上海市公共信用信息服务中心服务大厅，"上海诚信网"也改版升级，注册会员管理、信用信息公示、短信、微信、App、客户端等服务功能陆续上线提供服务。二是推动相关法制建设。研究出台了一系列与诚信体系建设有关的规章和规范性文件，包括《上海市公共信用信息归集和使用管理办法》《上海市企业失信信息查询与使用办法》《上海市政府部门示范使用信用报告指南》等。这些规章和规范性文件的出台极大地推动了上海诚信体系的建设工作。三是积极开展多领域、跨区域推进信用体系建设。在自贸区探索开展事前告知承诺、事中信用预警、事后联动奖惩的信用管理模式；在长宁区探索开展社会治理信用动态预警应用服务；在食品药品、文化发展、网络空间安全治理、碳排放交易等市场监管工作中，建立企业公共信用信息核查机制；以会展等行业为切入点，探索与长三角、江苏、浙江、安徽等省以及苏州、无锡等城市建立公共信用信息交换共享机制等。

三、现阶段上海事中事后监管过程中存在的问题和难点

上海作为中国改革的先行者，在许多方面率先进行了创新性改革，特别是自由贸易试验区，大大增强了上海企业投资便利化，加强了公平性竞争市场环

境建设,创造了良好的营商环境,企业的制度性交易成本明显下降,上海在积极探索事中事后监管的道路上已取得了不俗的进展。但在肯定成绩的同时,我们应该清醒地看到,事中事后监管依然面临不少的矛盾和瓶颈制约,在实际运行中,在构建公开透明、平等竞争的营商环境方面,在进一步降低企业的制度性交易成本方面,还存在诸多监管难题亟待解决。

(一) 相关行业规范欠缺,建筑师管理职责界定不明确

相关法律法规存在滞后性。在现行的法律法规以及建筑行业规范中,存在诸多条款对建筑师负责制的试点有一定的制约。特别是行业纠纷处理与仲裁问题缺乏相应法律规定。近年来,建筑业发展极其迅速,不少企业追求自身利益,对项目进行恶意竞争,存在不规范运作情况,因而不可避免的引发了许多法律纠纷,并呈逐年上升的趋势。常见的有:手续不规范容易导致合同无效、招投标不规范、工程质量问题、工期延误容易导致连环诉讼、拖欠工程款与设计费等。对于注册建筑师而言,面临的许多问题诸如劳动内容、拖欠设计费等问题没必要直接进行法律诉讼,但目前企业的申诉途径不成熟。在行业仲裁方面,国内仲裁调解还未普遍通行,缺乏相关专业知识,在评审程序上也存在很多不足,这些种种原因致使行业纠纷投诉无门,建筑师的权益也难以得到有效保障。

建筑师管理职责界定不明确。主要表现在以下方面:一是在服务范围和身份界定方面存在模糊现象。在执业范围方面,国内建筑师较为狭窄,不能完全实现项目全程服务。《中华人民共和国注册建筑师条例》第二十条规定,注册建筑师的执业范围包括:建筑设计、建筑设计技术咨询、建筑物调查与鉴定、对本人主持设计的项目进行施工指导和监督、国务院建设行政主管部门规定的其他业务。虽然涉及策划、施工等环节,但由于同时受到建筑行业管理中其他的相关规定的制约,实质上无法进行工程项目的全过程控制,尤其是在前期策划、施工管理这两个关系工程项目品质和建设质量的关键环节,有缺位的危险。我国现在建筑师的身份定义只能说是"建筑设计主持人",权力和责任都限于建筑设计环节,这种限定于设计阶段的身份定位对建筑师的全过程服务产生制约。二是在具体执业中存在困难。项目决策过程缺乏注册建筑师的技术判断;设计各阶段各专业割裂严重,建筑师无法进行全面的设计;在施工招标构成中,由于缺少成文的规定,国内的建筑师一般不参与施工招投标;目前我国的设计单位已提供设计文件为主要工作内容;在具体施工中,其主导权由代建、施工和监理单位执行,而建筑师仅仅是施工角色,不能实现对项目技术控制,这些问题都影响了建筑师负责制的实施。三是施工管理中的建筑师权责不明问题。由于施工监理的第三方性质,其监理活动不受设计方的制约,同时,建筑师对材料、设备选购等施工的关键环节均没有相应的话语权,对施工难以进行有效的控制。在建筑师对施工不能进行有效控制的情况下,竣工环节中的签字往往是一种既定事实后无奈的结果。施工控制权与竣工签字权的不统一造成相关责权之间的矛盾。

(二)监管部门协同不够,监管效果尚不理想

事中事后监管是政府相关部门为维护有序的市场秩序所采取的执法行为,对市场主体违规行为进行纠正,甚至取消其申请的审批事项,借以实现市场环境的公平竞争秩序。但是,不畅通的沟通机制造成政府各部门间协作困难,致使监管工作难以深入推进。虽然,现有的监管模式来看,相关部门已经采用了综合执法形式,联动执法也在积极落实,但还存在不容忽视的难题。在建设领域,由于建设项目的专业性和复杂性,以及建设周期长等特性,建设项目的监管协同更难实现。举例来说,目前自贸试验区管委会保税区管理局下设各部门中有四个部门涉及建设领域监管,分别是规划建设处、综合监管和执法处、城市建设管理事务中心和综合执法大队,并且各部门间没有任何直属关系。其中规划建设处为规划建设主管部门,负责大部分的行政审批及行业监管;综合监管和执法处为监管执法行业主管部门,负责宏观上监管执法工作;城市建设管理事务中心为建设审批管理部门,在监管领域负责建设工程单体安全质量监督;综合执法大队为监管执法执行部门,负责日常监管执法工作。各部门的业务有很强的关联性,但由于缺乏有效的协同机制,致使在建设领域的日常监管工作中仍难以体现机构设置之初所设想的高效精准。可见,没有真正意义上实现部门间的有机结合,则理论上的综合执法仅仅是形式上的叠加,而非功能上的互补,依然单打独斗各自为政,无法长效地完成监管工作。

(三)企业保险的推行方式不合理,间接造成了建筑行业风险较高

勘察设计质量直接影响建设工程质量,而建设工程一旦发生安全质量责任事故,将直接关系到人民群众生命财产安全。在我国设计单位对工程设计负终身质量责任,因此在建筑师负责制的试点推广中,工程质量责任的赔偿应该通过勘察设计保险制度来保障,这对建筑师个体防范执业风险具有重要意义。我国住建部自 1999 年推出勘察设计保险制度,距今已有相当长的时间,但通过问卷,我们发现勘察设计保险没有在行业范围内起到预期的作用,企业的参与度及感受度普遍不高。如目前企业责任保险主要通过行政干预手段,以政策来推进,而不是行业协会主动的参与,而且保险中介机构参主动性不足。由于工程保险中介机构在运作上与行业协会之间缺乏充分沟通,致使行业团体无法将职业责任保险实现内部自律。此外,这种不规范的方式给工作带来的诸多难题,如勘察设计机构不乐意投保,不积极支持保险中介机构,对市场产生不利影响。勘察设计单位自身没有参与积极性,更没有相应的风险防范意识。众多的设计企业数量与不足的保险企业数量产生极为明显的对比。从企业方面来看,极大部分企业缺乏对职业保险的了解,这就造成了绝大的企业对于职业责任险的了解不够,在缺乏保险的情况下,间接造成了建筑行业风险较高。因此下一步建筑师负责制试点推广的过程中,建立执业责任保险相当迫切。

(四) 监督体系不完善,社会力量参与不足

监管主体需要多元化,但是人们观念仍然停留在政府包揽一切的阶段,主观上仍然认为政府是监管的唯一主体,监管工作必须由政府来做。因此,虽然社会监管逐渐发展且影响也越来越大,但是对于社会公众而言并无根本性影响,习惯性将其交给政府。政府也因此肩负起大量的监管工作,特别是涉及监管工作法律法规重要领域仍由政府来做。相比国内,西方发达国家在市场监管体系的构建上,主张"社会共治"。这个理念是指,在市场监管中不仅发挥法律法规的约束作用,而且要注重行业规范和公众监督,扩大监管主体范围,构建自我管理、自我约束的诚信市场环境。但在我国,社会组织从成立之始便受到双重领导,并没有完全的独立性,其自身的发展也受到上述因素的制约。由于自身实力的薄弱,社会组织难以成为社会监管的独立力量,无法弥补目前市场监督的缺陷。

(五) 人员素质参差不齐,监管力量不足

高素质、高水平监管队伍是监管工作顺利推进的前提。目前,监管队伍还存在诸多问题:一是监管力量较薄弱。特别是基层一线监管执法人员,无论是人数还是素质上都明显不足,很难形成高效严格的专业监管队伍。在建设项目领域,仍然没有响应的监管队伍,依然是通过"以批代管"来进行管理。尽管各部门的"三定方案"中已经加入监管职责,但是受传统"以批代管""不批不管"观念的影响,各部门并未专门配备相关人员专职负责监管工作。因此,在

监管内容和监管方式不断更新的今天,理所当然地会出现监管人员素质跟不上、监管力量不足的局面。二是监理人员缺乏专业知识。随着监理制度的推行,真正注册监理工程师的人才短缺,相关从业人员鱼龙混杂。监理人员缺乏专业知识,使得监管效果大打折扣,不能起到应有的作用和效果。在建筑领域中监理是高智能专业性极强的服务职业,专业的技术水平可以保障建筑在出现问题时被及时发现、及时调整,化解安全风险,这就需要监理必须要具备完整的建筑业法律法规知识,更要懂得设计方面的各项技术要求。但是,由于监理单位的第三方性质,一些监理人员对设计没有深入的了解,难以对工程的整体水准起到良好的把关作用。三是监管人员培训教育不够。长期以来,监管人员培训教育存着在严重形式化的现象。培训者主观能动性不高,为了培训而培训的现象普遍存在,培训教育未能起到应有的作用。培训时间偏长、内容设计缺乏针对性。尤其是偏重与技术设计培训,而缺乏工程综合管控能力的课程安排,一定程度上影响了综合管理和监管能力的提高。

四、现阶段工程建设市场主体监管问题短板

(一)尚未实施有效的事中事后监管

目前,我国工程建设市场自身的成熟度较低、约束机制尚不健全,"严进疏管"的特征较为明显,过分强调市场主体的准入环节,且准入管理体系十分复杂,表现为管理机构多、准入方式多、审批环节多,重事前监管、轻事中事后监管。在现阶段,行政审批制度改革如火如荼,"宽进严管"成为市场主体监管的突出特征,"宽进"已经实现了较大突破,尽管"宽进"意味着政府将事前的准入监管转向事中事后的过程监管,将更多的监管责任转移给市场和社会,由市场来配置资源,但是监管部门对"宽进"后的市场主体,尚未建立有效的"严管"体系,这就需要进一步明确监管对象、监管内容、监管方式、监管工具等。此外,"宽进"的法律制度与市场主体监管的法律制度缺乏有效衔接与良性循环,使得政府监管风险增大。

(二)尚未形成有效的社会监督体系

目前,政府直接实现对工程建设市场主体的监管,体现在:政府设专门监管机构,监管机构在执行监管职能时,政府使用行政手段处置市场主体的违法违规行为,政府从发现行为、核实行为、处置行为,都是政府亲力亲为。政府作

为单一的监管主体,强化监管手段的纯强制性,忽略了市场主体的能动性。这种直接监管的方式不仅使政府监管的效率不高,而且效果较差。工程建设行业内的"暗中操作",最清楚的莫过于利益相关者、社会公众等团体,将舆论、NGO、行业协会等社会力量引入到市场主体的监督中,为政府提供市场主体违法违规行为,政府只需根据提供的问题进行核实,并采取相应措施,这样做可以大大提高政府监管效率,降低了监管成本,然而在我国工程建设市场主体的监管中尚未形成有效的监督体系。

(三)尚未采用多元化的监管手段

传统的工程建设政府监管采取以行政手段为主的单一的事前刚性手段,具有滞后性。2015年,国务院在《关于积极推进"互联网+"行动的指导意见》中提出,建立国家政府信息开放统一平台和基础数据资源库,推进政府和公共信息资源开放共享。"互联网+"能够实现基于数据的工程建设市场主体的监管,它是对政府监管理念的一次革新。监管手段直接影响到监管的实效,在市场化改革的浪潮下,多元化、事中事后、刚柔并济的监管手段成为主流。

五、上海事中事后监管问题的深层次原因分析

(一)企业信用信息来源单一,信用应用体制不完善

受传统理念更新不到位、制度设计不完善、信用监管模式衔接不顺畅等因素影响,目前信用监管相关部门协同监管意识不到位,制度设计和平台建设水平参差不齐问题突出。一是信用信息归集制度不健全,涉企信用信息数据归集程度不高、数据来源范围较窄,主要以注册登记、行政处罚、异常目录、严重违法失信"黑名单"、随机抽查结果为主,缺乏网络监管、消费维权、商标广告监管等业务条线重要监管数据。二是信用信息核查应用制度不完善,跨地区、跨部门、跨领域联合激励与惩戒机制尚未完成。企业信用信息并未作为各监管部门实施行政管理的必要参考和配置公共资源的重要依据,失信联动惩戒缺乏应用制度保障,失信成本低守信成本高,长此以往将会导致劣币驱逐良币的市场机制失灵现象。三是制度宣传不到位,企业信用查询与应用的社会氛围尚不浓厚,信用监督的社会共治效用远未发挥。[1]

---

[1] 陈吉利:《创新事中事后监管模式　打造营商环境新高地》,《中国市场监督研究》2017年8月。

（二）监管机构职能不够明确，监管缺乏针对性、层次性

一是由于政府职能部门之间职能边界不够明确，各个机构之间在综合监管格局中无法找到自己的正确定位和职能，导致市区两级机构、监管机构之间、监管机构和其他职能机构之间没有形成良好的协同监管能力。二是"一口式"对外办公与"一体化"办公相差甚远。尽管政府部门职能机构尽管利用网上政事大厅初步实现一口式对外办公，但是距离部门一体化办公仍有一段距离。三是由于利益格局重新协调难度大。事实上，当前各监管部门均有各自的电子系统，但由于涉及的收费机制和利益格局需要重新协调，难度较大，导致无法实现一个系统办公。四是缺乏对监管对象进行差异化分级。监管机构依托"大数据"平台，然而对大量的企业信用数据资源未得以挖掘分析和盘活应用，市场监管策略欠缺科学的数据支撑。一方面，"双随机"抽查对象选取泛而不专，缺乏对监管对象进行差异化分级，"一刀切"的随机抽查模式，使得大量分散的违法行为主体成为"漏网之鱼"，监管精准度较低；另一方面，监管方案制度不科学，对重点领域与消费投诉高发行业、地区的定向抽查规划较少，监管资源调配不合理。①

（三）"宽进"背景下"严管"难度大

商事制度改革以来，市场准入门槛大幅降低，市场主体数量呈现"井喷式"增长，一线监管力量薄弱与监管任务繁重之间的矛盾日益凸显。在新技术、新产业、新业态和新模式对上海的事中事后监管提出了更好的要求，市场交易复杂程度高、消费维权难度大，这不仅对基层监管数量提出了挑战，而且对基层人员综合执法能力提出了高要求。一是随着行政审批的放权和市场监管体制的改革，在干部总数没有增加的情况下，由于上级部门及各方对市场监管提出了更高的工作要求，数十项监管职能下沉基层。在市场监管对象量大面广、业务复杂、风险性较高的形势下，基层监管任务日益繁重。执法人员要对同一市场主体进行多项监管和处罚，完成不同部门的培训、汇报、考核，工作难度和压力倍增，工作效率难以提高。二是基层人员综合执法能力欠缺。目前大部分执法人员不同程度地存在知识结构不匹配、专业能力不适应新情况、监管能力亟待提高等问题。三是基层执法队伍还存在较大的专业人才缺口。食品药品监管、特种设备监管、执法办案等工作，都具有较强的专业性。而随着改革后

---

① 陈吉利：《创新事中事后监管模式　打造营商环境新高地》，《中国市场监督研究》2017年8月。

各条线监管覆盖面和力度要求的加大,现有专业人才队伍存在较大的缺口,将未接触过某项专业业务的执法人员培养成合格的执法干部,需要一定的时间。不少执法干部面临着从改革前单一的业务执法转型为综合业务执法等现实困难,一定时期内必然存在业务能力不适应的问题。

(四)数据共享融合进展困难,数据平台建设存在障碍

统一的国家信息平台虽已基本建成,然而部门间各涉企信息平台还未实现共享对接,"数据孤岛"问题仍然存在,部门之间联管联动难度大。政府决策多带有全局性,作为辅助决策的大数据分析需借助多部门、多领域的关联数据。然后政府机构之间数据共享仍然存在问题。一是各个机构电子政务在建设初期的建设主体、业务领域的不同,导致业务数据标准格式不统一,系统异构、数据异构导致政府在数据管理过程中面临着数据割据,涉企收费机制和利益格局也导致部门间联管联动难度大。二是政府部门条形化、层级化衍生出数据保护主义,从而出现了从"信息孤岛"走向"数据孤岛"的问题,信息壁垒尚未打破。①除了数据融合导致数据不够全面,从而数据信息平台建设存在障碍,还有系统内部信息数据来源范围较窄,与重要业务线平台对接不到位等问题。此外,信息公示平台的模块功能单一,缺乏诚信企业模块、企业信用分级分类及预警信息发布等重要功能,仅通过平台查询结果不能反映企业信用全貌,对市场交易方参考价值不高。

(五)政府打击假冒伪劣、反垄断审查力度不足

企业进入市场后,因市场公平性竞争无法保证,导致为了维护自身利益和权益,企业不得不支付一定付费,从而导致成本上升。一是由于市场交易不公平和市场保护机制不完善,使企业的打假成本、维护成本较高,影响了企业的投资和创新热情。二是由于市场竞争公平性环境建设力度不足,小企业在市场竞争中受到不公平对待而必须承担一定的相对机会成本。三是由于垄断行业的高门槛,一些民营企业被排除在垄断行业之外,造成了市场竞争的不公平,不仅影响了这些企业的发展,而且造成资源配置的扭曲。四是市场价格机制不够健全,垄断行业的存在导致资源配置扭曲,市场价格缺乏健全的矫正机制,导致垄断行业价格虚高,增加了相关企业的运行成本。

---

① 梁建新:《基于大数据时代的地方政府管理创新研究》,《经营管理》2017 年 11 月。

六、完善上海市事中事后监管制度的相关建议

完善事中事后监管制度,是全面正确履行政府职能的重要组成部分,是正确处理好政府与市场关系的重要环节之一,也是推动社会共治的一个重要方面。在未来,本市着力构建一个政府主导、行业自律、企业自控、社会参与"四位一体"的透明、高效、便捷的大监管格局。在构建这一大监管格局的过程中,各方所推行和探索的事中事后监管的具体模式或许会有很多的表现形式,但万变不离其宗的是,其核心必然离不开风险预警与防范机制、社会信用与诚信双体系、企业年报公示与经营异常名录制度、大数据与信息共享前提下的综合执法,以及行业自律、企业风控与社会监督相结合的社会共治制度等制度的构建。

为此,课题组建议本市应当在以下几个方面有步骤、分层次、可持续地推动事中事后监管法制、体制和机制的建设工作:

第一,坚持法治先行的原则,积极探索事中事后监管的法律支撑问题,确保事中事后监管制度的顺利实施。

(1)在充分利用现有法律资源的基础上,就事中事后监管的各项制度涉及的立法权限、立法必要、立法内容和法律实施等问题开展必要的研究工作,拟定相关事中事后监管立法目录,从而在综合平衡的基础上形成覆盖事中、事后监管各主要环节的适用法律制度框架。(2)推动与事中事后监管相关的适用原则、实施主体、适用范围、执行程序、监管标准、责任认定等关键环节的标准化研究工作,并在合适的时候出台与事中事后监管相关的地方性法规,就相关标准化问题作出统一规定,作为上海推进事中、事后监管的主要法律依据。

第二,坚持依法行政的原则,全面依法履行行政管理职能,确保批后监管工作的顺利开展。

法的生命来源于实施,没有实施,法本身就失去了存在的意义。目前本市现存的行政审批除部分按照国家事权仍属于非行政许可类审批之外,都是按照《行政许可法》的相关规定,由相关法律、法规作为法定依据设定的行政许可。因此作为这些行政许可的具体管理部门,在这些行政许可被废止之前,必须严格按照法律法规的相关规定,履行批后监管职责,坚持法定职责必须为、法无授权不可为,克服懒政、怠政,积极承担起相关的监督管理职能,不得以任何形式或者理由任意终止履行监督管理职责,或者以任何理由不作为。此外还应加强相关部门之间的协调,确保相关监督管理工作不越位、不缺位、不错

位,这是确保批后监管工作顺利开展的应有之意。

第三,正确认识事中事后监管的核心概念和基本事项,同时推动事中事后监管体制机制建设。

各行政管理部门应当正确认识事中事后监管的核心概念和其所涉及的基本事项,在实践中同时推动事中监管和事后监管体制和机制的建设工作,确保事中监管和事后监管的无缝衔接,确保各项措施准确、到位。

第四,坚持同步原则,积极有序地推进行政审批制度改革。

行政审批制度改革的核心是有序改革,这主要包含两个方面的内容:(1)坚持放与收齐头并进的原则。该由政府部门进行许可管理的部分要坚持,该由市场和社会进行管理的要放掉,决不能搞一哄而上,把不应该放、不能放的政府监管也一起放掉了,进而造成市场的混乱;(2)坚持稳步后退的原则。在取消各类行政审批的同时,要确保"双做到",即注意做到事项取消与立法修改的同步进行,不得产生"有法无审批"的现象;同时注意做到事项取消与新监管体制、机制建设同步进行;确保在正式取消行政审批前,拟订并实施行政审批取消后事中事后监管的具体方案,包括监管主体、监管范围、监管内容、监管措施等内容,不得产生"取消后无监管"的现象。

第五,坚持行业自律优先原则,积极培育行业协会、中介机构等社会组织。

要彻底改变目前行业协会、中介机构等社会组织依赖于政府,甚至与政府挂钩的局面,积极培育这些社会组织履行行业管理、市场管理、社会管理职能的能力,充分调动其积极性、主动性和创造性,确保其能够积极参与到整个市场运作和社会运行中去,及时填补政府管理后退之后留下的真空地带,确保两类管理的无缝衔接。同时,对现有行政审批前置环节的技术审查、评估、鉴证、咨询等有偿中介服务事项要进行全面清理,能取消的尽快予以取消;确需保留的,要规范时限和收费,并向社会公示。严厉查处利用行业协会、中介组织实施变相审批的行为。

第六,坚持大数据与信息共享的原则,积极推动统一信息平台的建设与完善。

(1)进一步推动社会诚信体系建设。在本市社会诚信体系建设已经取得的成绩的基础上,积极推进覆盖全市的信用平台建设,完善市场主体信用信息记录,拓宽信息采集渠道,鼓励行政机关将所掌握的公共数据及时提供给信用平台,鼓励履行监管职能的机关和单位将相关诚信数据及时提供给信用平台,以建立信用信息档案和交换共享机制,并逐步建立包括金融、工商登记、税收缴纳、社保缴费、交通违章、统计等所有信用信息类别、覆盖全部信用主体的全市统一信用信息网络平台。同时加快推进本市征信体系的建设与完善,加快规范向个人与企业的征信行为及其相关的责任建设。(2)推动本市政务信息平台的建设。要深入推进地理位置类、市场监管类、民生服务类等政务公共数据资源开放应用,加快相关信息平台的建设与完善,加快市与区县政府部门横向互通、纵向一体的信息共享共用机制的建立。

第七,坚持预防为主的原则,积极推进风险预警制度和信息响应制度建设。

(1)建立事中事后监管风险预警制度。监管部门应当定期或不定期对事中事后监督过程中发现的各类风险进行判断识别、鉴定分类,逐一追根溯源,分析、研究产生问题的深层次原因,预测风险发生的可能性,作出风险监测预警,及时向有关部门通报,以强化事前、事中的风险防范,实现事后监督由简单操作型向分析预警型的根本转变。为此,可以依托现有的信息平台,增强对监督数据挖掘和监督信息利用的力度,可考虑逐步建立风险分类预警制度,实行核算风险量化监测、分类预警、分别防控的办法,其内容是改变以往简单以差错率定性监督结果的模式,转向以差错和风险综合数值反映被监督部门内部会计控制状况。(2)建立灵活的事中事后监管信息反馈机制。通过适当的手段,及时就较严重问题向相关相对人进行反馈和提醒。开辟新的事中事后监督信息反馈渠道。尝试建立"监督反馈谈话制度",根据需要、按照一定程序,由事后监督管理部门与有关核算部门主要负责人就监督过程中发现的较为严重的问题,向相关相对人反馈并提醒,督促落实纠改建议和整改措施,强化企业业务管理,防范运行风险。

第八,坚持按需配给的原则,加强事中事后监管人才队伍建设。

事中事后监管队伍建设,是政府职能转变中的一个很大的挑战。原有的审批制度下积累的很多经验也可能不再有用。事后监管队伍必须具备应有的行业监管素质,为此需要在以下三个方面加以推进:(1)提升基层监管队伍的专业性。上海要改变目前基层监管队伍的非专业化,有针对性地在重点领域引入专业人才,让专业化的执法人员走到第一线,实施监管职能。(2)加快改善现有监管队伍素质。通过各类在职培训加大现有基层队伍的专业性,着力开展有针对性的专业培训,以尽快适应大部制背景下对政府监管提出的要求。(3)探索研究基层监管队伍的身份。要认真需要研究基层工作人员的身份地位,考虑其走职业化道路,通过职称序列规划其职业前景。

正如习近平总书记在《"看不见的手"和"看得见的手"都要用好》中所提到

的："各级政府一定要严格依法行政,切实履行职责,该管的事一定要管好、管到位,该放的权一定要放足、放到位,坚决克服政府职能错位、越位、缺位现象。"事中事后监管制度的完善不是一个简单地从事前审批向事中事后监管转化的过程,而是一个政府机关依法履行行政许可法定监管职能和依法履行社会管理职能相结合的一个过程。上海各级政府部门应当更新理念,创新方式,调整方向,积极作为,不断推进标准监管,完善技术标准体系,改市场准入审查为过程中标准监管;建立健全风险监管,加快建立对重点领域的风险评估指标体系、风险监测预警和跟踪制度、风险管理防控联动机制;完善信用监管,搭建信用信息共享交换平台,构建市场主体信用信息公示系统,强化对市场主体的信用监管。以完善的事中事后监管制度来全面履行政府职能,推动本市经济、社会的健康发展。

第五章　深化放管服改革、助推高质量增长

　　制约经济社会发展最突出的问题就是如何处理好政府与市场的关系,对于如何处理这对重大关系和突出矛盾,整个社会经历了长期的、反复的探索历程。

一、市场经济中政府与市场是一种伴生关系

　　迄今为止,全世界绝大多数国家都纷纷走上了市场经济的道路,伴随着两百多年市场经济发展的历程,也形成了众多的经济学理论流派,最经典的莫过于"两只手"理论。一只是"看不见的手",作为古典经济学派的代表人物亚当·斯密在充分了解并深刻论述自由市场机制的基础上提出了"无形之手"的理论。斯密通过对自由市场机制的分析,提出在市场运行中有一只"看不见的手"无形中引导资源配置,发挥市场的调节作用。因此,他主张完全自由地从事经济活动,扫除经济上的一切障碍,反对国家干预经济生活,实行自由放任的经济制度。到18世纪末,自由竞争的各种制度日臻完善,迎来了自由竞争的黄金时代。然而历史证明,自由竞争的市场机制并不是万能的,市场机制有其内在的局限性,特别是1929—1933年的世界性经济危机的爆发,彻底颠覆了人们对自由竞争市场机制的盲从心理。另一只是"看得见的手",出自英国经济学家凯恩斯的《就业、利息和货币通论》一书,他主张抛弃自由放任的原则,运用财政政策与货币政策,通过国家这只"看得见的手"对经济进行调节和干预,以确保足够的总需求,实现经济的稳定增长和充分就业。凯恩斯的国家干预理论的核心思想是用政府的"看得见的手"协调经济运行的总量平衡以及某些重大的结构性矛盾,支持国家进入经济体制内部,进而成为现代市场经济体制中的一个重要角色。第二次世界大战以后,资本主义各国在饱受经济和战争的重创后,把"凯恩斯主义"作为国策奉行,迅速恢复元气,开创了资本主

义经济发展史上的"黄金时期"。但在短暂的辉煌后,20世纪70年代西方资本主义国家普遍出现了经济增长停滞、失业增加、通货膨胀的现象,凯恩斯主义也因此受到了质疑。

历史事实告诉我们,无论是市场这只"看不见的手"还是政府这只"看得见的手"都不是解决现实所有经济问题的唯一方法,他们只是在特定时期、特定条件下针对特定问题的解决机制。"看不见的手"虽然可以通过市场的价值规律、竞争规律和供求规律让自由市场井然有序地运转,让每个市场参与者的愿望得以实现,但这种自由市场机制经常会失效,市场经常向我们发出错误的信号,一旦泡沫开始产生,自由市场就不再能理性、有效地分配资源,它往往通过提供快速且不费力的获利机会,给个人和企业提供不正当的激励,使得他们以一种个体理性但集体非理性的方式行事,使得没有政府管控的自由市场走向恶性逐利的极端。同样,政府这只"看得见的手"在解决市场失灵问题、维持市场经济秩序、提供公共产品服务、解决外部性保护生态环境和自然资源等领域,具有无可比拟的天然优势,但过分强调或不正当地强调政府的作用,则很有可能因政府干预行为本身的局限性导致政府失灵、政府干预不足或干预过度,最终不可避免地导致经济效率和社会福利的损失。战后凯恩斯主义干预政策在西方盛行了二十余年,最终带来了政府规模膨胀、巨额财政赤字、寻租、交易成本增大、社会经济效率低下等一系列问题。因此,在市场运行调节机制中,只有将市场这只"看不见的手"和政府这只"看得见的手"结合起来,使得市场的作用和政府的作用同时得以发挥,才有可能达到事半功倍的效果。

2017年6月13日,国务院召开全国深化简政放权放管结合优化服务改革电视电话会议,标志着"放管服"改革进入到新阶段。本书尝试从上海市"放管服"改革,在对上海市"放管服"改革的现状进行分析的基础上,提出进一步深化改革的政策建议。政府与市场既是调节市场经济运行中两种重要的制度安排,也是一种相辅相成的伴生关系。追溯市场经济发展的历史,无论是笃信自由放任的自由资本主义,还是将凯恩斯的国家干预理论奉为救世良方的近代资本主义,政府与市场均是调节市场运行不可或缺的手段。政府与市场的关系不是谁取代谁的问题,而是二者如何有机配合、协调和均衡的问题。这是我们开启"放管服"改革的一个基本前提和认知基础。

二、对"放管服"改革目标和精神的再认识

(一) "放管服"改革有别于以往的政府职能转变，具有综合性全面改革的特征

以往的政府职能调整改革是先行先试的改革，往往针对某一地区或某一领域，是单一方面、专项性的改革。比如，"证照分离"等行政审批改革着重于简政放权；又如，国务院先后授权各地开展政府职能转变、二元结构调整、户籍制度改革等专项制度改革；即便是自贸区改革也只涉及投资贸易与市场监管领域。而"放管服"改革，李克强总理称之为是"牵一发动全身"的改革，但随着当前经济社会形势发生的深刻变化，对传统管理体制进行微调和单项的改革已经不能适应经济形势的发展，政府必须要进行自我革命，必须要主动推动改革，才能适应经济社会发展的新态势。"放管服"改革需要实践创新、协调、绿色、开放、共享五大发展理念，推进政企分开、政资分开、政事分开、政社分开，突出发挥市场在资源配置中的决定性作用与更好发挥政府作用。因此，"放管服"改革是主动适应经济新常态的全面改革，是供给侧结构性改革的重要内容，也是全面履行宏观调控、市场监管、社会管理、公共服务、环境保护等政府职能的重要抓手，因而是一场真正的全方位的改革。

(二) "放管服"改革的内容涵盖了全部政府职能，但具体要求各不相同，需要全面准确理解

"放管服"改革、转变政府职能是一个系统的整体，它涵盖了宏观调控、市场监管、社会管理、公共服务和环境保护五大政府职能。总的目标是把不该由政府管理的事项交给市场或社会，把该由政府管理的事项切实管住管好。因此，对"放""管""服"提出的改革目标和要求是不相同的。首先，"放"必须做减法，是要把不应该有的权和可以放的权交给市场和社会。政府放权改革已经进入"深水区"。以行政审批改革为例，一是从数量上减少各类审批事项，二是从程序上优化审批环节，三是从层次上加大放权力度，该减的减，该放给地方的放给地方，要让地方有一定的规制和管理空间。其次，"管"必须做加法，必须管的事和应该管的事都要管好，并且接好放下来的权。这个"加法"不是数量上的增加，而是行政管理方式的改变，管理的思维和模式需要从由原来的事前管制为主向事中事后监管转变，由原来的不报不理、举报再查的被动监管形

式,走向一个主动监管、积极监管、全面监管、即时监管的方式。再次,"服"要做好乘法,服务型政府面对的主体是多样化的,有企业、社会组织和公民个人等,服务对象不同带来的需求不同。另外,提供服务的机构不仅是政府机关,还有提供公共服务的企事业单位等社会组织。在这种情况下,由主体多元化带来的需求多维度,要求政府服务的变革必须也是多角度和交叉化的,做好"乘法",才能提升服务的理念和水平。

因为,改革过程中对"放、管、服"的要求并不相同,对法治的要求也是多元化的:"放"要强调依法放权和放权到位,"管"要突出依法监管和公正监管,"服"要注重公共服务和服务公平。法治改革应高度重视运用法治思维和法治方式,契合"放管服"改革的目标要求,发挥法治的引领和推动作用。

(三)"放管服"改革是政府的一场内部革命,但成效如何,评价来自外部

"放管服"改革被定性为一场刀刃向内的自我变革,但是改革成效如何,还必须由外部来评价,外部社会和公众的"获得感"才是检验的标准。首先,必须由市场主体来评价。市场主体是否感受到制度性成本降低了?是否感受到营商环境改善了?只有市场主体有了获得感,才能证明"放管服"改革真正有了成效。其次,必须由社会组织和公民来评价。社会组织和公民是否感觉到办事容易了,冤枉路少跑了?门是不是好进,脸是不是好看,事情是不是好办了?各级政府是否真正确立"以民为本"的理念,做到主动服务不推诿、协调服务不扯皮、高效服务不拖拉、廉洁服务不寻租,只能是由社会和公众来评判和验收。概而言之,检验"放管服"改革是否有成效的标准,就是是否做到了李克强总理提出的"五为",即为促进就业创业降门槛、为各类市场主体减负担、为激发有效投资拓空间、为公平营商创条件、为群众办事生活增便利。

三、上海市"放管服"改革特色举措和成绩

(一)"互联网+政务服务"工作总体水平居全国前列

1. 主要工作机制

上海市"互联网+政务服务"工作起步较早,一直走在全国前列,建立了比较高效的工作机制,形成了比较完善的支撑体系,推动了政府服务管理效能的明显提升。

2017年1月,上海市发布《本市落实〈国务院关于加快推进"互联网＋政务服务"工作的指导意见〉工作方案》,推出了4大类17个方面45项具体举措。方案还明确提出,到2017年底前,要建成全市统一的网上政务"单一窗口",全面公开政务服务事项,拓展行政审批、办事服务、事中事后监管、公共资源交易等各类政务服务,推动信息资源整合共享和数据开放利用,初步实现线上线下政务服务一体化联动;到2020年底前,将实现互联网与政务服务深度融合,建成全市联动、部门协同、一网办理的"互联网＋政务服务"体系,积极开展跨部门、跨层级的协同应用,实现政务服务的智能感知、主动推送和个性化服务,进一步提升服务能级,让企业和群众办事更方便、更快捷、更有效率。

2017年8月,上海成立政务公开与"互联网＋政务服务"领导小组,由上海市市长应勇担任领导小组组长,常务副市长周波担任常务副组长。将政务公开与"互联网＋政务服务"两项工作统筹推进成立领导小组,在省级政府层面是第一家。同时,该项工作也已经纳入上海市管党政领导班子绩效考核体系。

2. 特色举措及成效

特色举措之一:"一网一云一窗"体系

目前,上海市已基本形成了"一网(政务外网)、一云(电子政务云)、一窗(网上政务大厅)、三库(人口、法人、空间地理信息库)、N平台、多渠道"的支撑体系。网上政务大厅是上海市网上政务服务"单一窗口",政务信息资源共享共用取得一定进展,已基本实现网上政务大厅与区行政服务中心、街镇社区事务受理服务中心的三级业务线上线下一体化联动,成为政府公共服务的重要载体。审批事项100％接入网上政务大厅,服务事项逐步向网上汇集。市级部门785项审批事项,16个区共6 500项区级审批事项;240余个市级服务事项,3 000余个区级服务事项全部接入网上政务大厅。网上办理深度进一步深化,市级网上政务大厅已有100个审批事项实现"全程网上办理",区级大厅已有700余个审批事项实现"全程网上办理"。此外,上海还在推动政务资源共享开放。目前已经累计向社会开放数据资源超过1 200项,基本覆盖上海各市级部门的主要业务领域。

特色举措之二:"全网通办"

所谓"全网通办",就是以往企业必须上门面对面才能完成的审批服务,现在通过"互联网＋政务服务"的有机融合,使得企业可以"网上全程一次办成、网上申报只跑一次"。作为上海网上政务服务"单一窗口",网上政务大厅已基本实现网上政务大厅与区行政服务中心、街镇社区事务受理服务中心的三级联动。目前,市级网上政务大厅已有100个审批事项实现"全程网上办理",各区级大厅共有700余个审批事项实现"全程网上办理",自2015年11月上线以来,已累计网上办理事项1 000余万件。2017年4月27日,企业市场准入"全网通办"在浦东新区正式启动运行,此举意味着,浦东进一步深入推进政府职能转变,深化提升政府治理能力,全力打造"三全工程"收获阶段性成果。包括金融贸易、食品药品、卫生和文化等14个部门在内,目前浦东和自贸区涉及企业市场准入的营业执照及各类许可证共104个区级审批事项,已全部提供"全网通办"服务。其中,74个事项实现"网上全程,一次办成",30个事项实现"网上申报,只跑一次"。

特色举措之三:一站式"互联网+"公共服务平台

2017年年初,上海市政府启动了一站式"互联网+"公共服务平台实事项目。截至2017年9月底,这个名叫"市民云"的公共服务平台,已完成三金个税查询、机动车违章查询、健康档案查询、交通路况播报、公交车到站提醒等共76项便民服务,实名注册用户数达到724万人。平台预计年内为600万以上的实名注册用户提供个人信息、医疗卫生、交通出行、社会保障、社区生活、旅游休闲等六大类100项以上的公共服务,建设一个汇聚全市智慧城市建设成果的"总入口"。与此同时,该项目还建成了一个统一的身份认证体系,可以提供上海全市自然人和法人的统一身份认证服务。今年上海市税务局在实名办税业务中全面使用了该平台,为近300多万涉税人员完成实名认证,网上政务大厅、市民云、诚信上海App等也通过该平台完成了近400万人次的身份认证服务。今后,市民可通过包括身份证、手机号、银行卡、支付宝、公安EID、社保卡、公积金账号、人脸识别等11种线上认证方式,以及社区事务受理中心、社保中心的线下认证方式进行身份验证,经过一次认证实现政府办事的一次注册、跨部门使用。①

特色举措之四:"联合检查"求得监管力量的最大合力

"联合检查"则是借助"双随机"的一种"升级版"协同监管方式,即检查对象和检查人员同样由电脑选出,最大程度确保公平性,检查的部门不局限于1个部门,而是由多个部门组成1个联合检查组,检查的事项不仅是1个部门的事项,而是涵盖了多个部门的多种事项,"一张表、多种检查事项;一次检查、

---

① 胥会云:《上海"互联网+政务服务":窗口只跑一次,服务入口只需一个》,http://www.yicai.com/news/5351731.html。

多个监管部门",联合检查对监管部门和市场主体而言都具有重要意义。监管部门可集中监管力量、形成监管合力、提高监管效率。市场主体可免受"多头执法"、"重复执法"的困扰,减轻负担。这样的高效、公平监管正是建立在 2016 年 8 月 15 日上线运行的上海市静安区事中事后综合监管平台之上的。上海市静安区监管平台以数字化、"互联网+"的思维和技术手段,成为深化商事制度改革、加强事中事后监管的物理依托。功能可概括为信息互通共享、部门协同监管。该平台主要包括三大功能,分别是信息共享、信息归集和监管措施。

上海市静安区监管平台上线运行以来,在 28 个部门的监管实践中获得应用。截至 2017 年 9 月 5 日,有 30 个部门、1 637 个用户使用平台的各项功能。平台已归集行政许可数据 48 483 条,行政处罚数据 10 740 条、抽查检查数据 4 091 条。各部门已接收双告知信息 11 336 条,反馈 5 347 条。

(二) 推动"大众创业,万众创新"初步形成可复制可推广经验

1. 主要工作机制

2015 年 3 月,以建设具有全球影响力的科创中心为主要目标的"创业浦江"行动计划在上海发起,该计划要求在未来 5 年内,聚集各类科技创业者 20 万人,培育具有全球或区域市场领袖的创新型企业、科技小巨人企业超过 3 000 家,吸引备案天使投资人超过 3 000 人、机构式天使投资和创业投资基金超过 100 支,从而使上海成为我国创业"养分"最充沛的区域。同时,近 40 家创业服务组织共同发起成立了上海众创空间联盟,这是全国首个区域性众创空间联盟,也将成为上海新型孵化器资源共享、交流合作的平台。

2016 年 2 月,上海市发布《简化优化公共服务流程方便基层群众办事创业工作方案》,推出 11 个方面的具体措施,并明确提出要围绕"最大限度精简办事程序、减少办事环节、缩短办理时限",全面清理规范政府部门、国有企事业单位、基层组织、中介服务机构、社会组织等提供的公共服务和管理服务事项,为基层群众提供公平、可及的服务,更好地推动大众创业、万众创新。

2016 年 11 月,上海市又发布了《关于全面建设杨浦国家大众创业万众创新示范基地的实施意见》,力争通过 3—5 年系统推进示范基地建设,集聚资本、人才、技术、政策等优势资源,探索形成区域性的创业创新制度体系和经验。到 2018 年,全面建成高水平的示范基地,营造更有效的鼓励创新、宽容失败的良好创业创新生态环境,发展壮大一批在新兴产业领域具有领军作用的创新型企业,为培育发展新动能提供支撑。到 2020 年,在政府管理服务创新、

创新资源市场配置、公共服务平台构架、产学研用相结合的技术创新体系等方面,形成制度体系和积累经验,引领辐射长三角区域的创业创新发展,创业创新走在全国前列。努力建成上海具有全球影响力的科技创新中心万众创新示范区。

2. 特色举措及成效

特色举措一:"自贸区"改革试点

一是"证照分离"改革试点。"证照分离"改革一直是上海加快政府职能转变的"先手棋",是深化"放管服"改革,改善营商环境的"组合拳",为激发市场主体活力的产生起了重要作用。"证照分离"改革试点 2015 年在浦东新区率先开展,成效明显。2016 年浦东新增各类市场主体较 2015 年末增加 17.4%。2017 年 9 月 6 日,"证照分离"改革试点经验在其他 10 个自贸试验区和具备条件的国家级自主创新示范区等近 400 个地区进行复制推广。[①]为进一步加大上海自由贸易试验区"证照分离"改革试点力度,浦东新区"企业开业地图"于2017 年 11 月 1 日正式上线试运行,该地图将针对企业开业提供"一站式"服务,对办理事项进行"一键导航"。"企业开业地图"是浦东新区"证照分离"改革深化实施在审批服务模式方面的创新,依托浦东新区网上政务大厅,建立的覆盖国家、市、区三级企业市场准入审批事项的一站式在线查询办理平台。

二是口岸"单一窗口"建设试点。自 2014 年 6 月起,上海口岸试行"单一窗口"建设,将海关、出入境检验检疫、海事、边检等部门的"同类项"合并,通过"一个平台、一次递交、一个标准",优化模式,力争大幅降低进出口企业的报关、报检成本。根据 2016 年年底的相关数据,上海口岸平均月进出商船 3 000多艘次,吞吐货物 3 000 多万吨,95% 的国际货物贸易和 100% 的船舶申报都经由"单一窗口"完成,受益面和认可度得到较大范围的认可。目前,上海"单一窗口"经验已经在十多个省市口岸复制。2017 年 2 月 13 日召开的 2017 年上海口岸工作领导小组会议讨论审议了《上海国际贸易单一窗口(2017—2020年)深化建设方案(征求意见稿)》。方案提出,上海将争取到 2020 年,建设成为符合构建开放型经济新体制要求的具有国际先进水平的国际贸易单一窗口,全面覆盖口岸执法和贸易管理,全面纳入各类许可和资质证明,全面贯通口岸物流环节,全面实现信息互换共享,全面拓展服务贸易和自贸区功能创新

---

① 缪璐:《上海自贸区证照分离出新招　为企业开业一键导航》,http://finance.sina.com.cn/roll/2017-11-01/doc-ifynmnae0999510.shtml。

业务,全面完善区域通关与物流应用功能,实现与国际上单一窗口互联互通,成为国际贸易网络的重要枢纽节点。

特色举措之二:"创业浦江"8 大行动

一是"全城创客"行动,打造全球创客最佳实践城市。二是"创业启明"行动,发展建设一批创业学院。三是"便捷创业"行动,优化全市各类众创空间的空间布局和平台服务。四是"安心创业"行动,强化科技金融对创业的支持力量。五是"专精创业"行动,大力扶持以技术转移为代表的科技服务业创业。六是"巅峰创业"行动,支持创业企业的持续创新发展。七是"点赞创业"行动,大力弘扬勇于创新、无惧失败的创业文化。八是"创业共治"行动,优化城市创业生态系统。

特色举措之三:"众创空间"

根据 2015 年 6 月发布的《上海市工商行政管理局支持众创空间发展的意见》,鼓励社会力量、民间资本参与投资、建设和运营众创空间、创客空间、创业孵化器等各类创业孵化服务机构(统称"众创空间"),为各类创业创新主体提供更多开放便捷的创业创新服务平台。

截至 2017 年 9 月底,上海全市众创空间已超过 500 余家,其中创业苗圃 100 家、孵化器 159 家、加速器 14 家,创客空间等新型创新创业组织 250 余家;在孵科技型中小企业 16 000 多家;培育出分众传媒、华平、微创等为代表的上市企业 142 家。

同时,上海市科委于 2017 年初推出了"创新创业服务能力提升计划",明确开展众创空间"专业化、品牌化、国际化"培育工作,通过市区两级政府部门共同扶持,引导一批有基础有条件的众创空间发展壮大,以运营模式、服务能力、服务业绩和孵化成效引领示范上海众创空间发展,形成差异化竞争趋势。2017 年 9 月,上海市科委宣布,首批 32 家众创空间纳入"三化"培育名单。

(三) 为群众办事生活增便利

1. 主要工作机制

2017 年 9 月发布的《2017 年上海市深化简政放权放管结合优化服务改革工作方案》专门就"为群众办事生活增便利"提出 9 项重点举措。一是全面推进当场办结、提前服务、当年落地"三个一批"改革;二是持续深化"减证便民"工作;三是大力提升与群众生活密切相关的公用事业服务质量和效率;四是推进智能化审批;五是推进智能化监管;六是推进智能化服务;七是展开政府效能评估;八是推进行政协助;九是改进窗口服务。

2. 特色举措及成效

特色举措之一:"三个一批"改革

2017年8月,《上海市当场办结、提前服务、当年落地"三个一批"改革实施方案》向社会公布,"三个一批"改革范围涵盖全市政府机关及中介服务机构和社会组织。

"当场办结一批"改革指当场作出决定并送达相关文书;对群众和企业,办事部门能做到当场办结的,当场盖章,制作文书,无法当场办结的,办事部门要在规定时间内缩短30%办结。"提前服务一批"改革指在群众和企业正式提出办事申请前,办事部门根据办事内容,依据相关法律法规等,提供现场勘察、现场核查、检验检测、技术审查等服务,让群众和企业办事少走弯路,少走回头路,少走冤枉路。"当年落地一批"改革包括项目当年开工开业和项目当年竣工验收,在排查企业因素以及政策调整或自然条件变化等因素的情形下,办事部门对已取得建设用地批准书等申请的、未开工开业项目实现当年开工开业,推进已具备竣工验收条件的、未竣工验收项目实现当年竣工验收。

《上海市当场办结、提前服务、当年落地"三个一批"改革实施方案》历时8个多月的调研,在充分总结历年来改革工作经验教训的基础上,反复征求企业、市民、群众、政府部门等方方面面的意见、建议,围绕政府有紧迫感、群众有获得感、企业有满意感的多方共赢目标,倒逼政府部门进一步加大改革力度。为确保"三个一批"改革落地见效,上海市制定了推进行政权力和政府服务标准化建设,依托互联网深化行政审批制度改革,优化产业项目行政审批流程等10项措施,市政府同时出台《上海市政府效能建设管理办法》,对政府工作人员履职行为进行刚性约束。

特色举措之二:"全行业"便民服务举措

近年来,上海市公共交通、公安等各条线的政府部门先后推出一系列便民利民举措,受到群众广泛好评,其中以公安部门出台的多项便民服务举措最为典型,具体包括:

2014年推出十项便民利民措施。包括:增设微信出入境证件办理、微信道路交通违法信息查询、上网安全服务微信公众号、微信上海机场办事指南功能;在浦东、徐汇、长宁、静安、闸北、杨浦、闵行、松江等区境外人员聚居社区、三资企业集中入驻工业园区,增设9家境外人员服务站,为在沪境外人员提供临时住宿登记申报、签证预受理、法律咨询等服务;提供机动车5起以上交通

违法未处理短信提示告知服务;提供机动车网上预约验车服务;简化本市消防
设计审核、消防验收及其备案的申报资料;推出青少年安全上网助手软件;提
供网站安全体检服务;在轨交车站接报走散人员求助;取消《居民户口簿》30 天
报失期限;进一步方便办理口岸签证,在闵行、嘉定、金山等分局出入境管理办
公室增设外国人口岸签证"预受理"及"代转申请"业务;在静安、宝山、青浦等
分局出入境管理办公室增设外国人口岸签证"代转申请"业务。

2016 年推出 43 项便民利民和服务经济社会发展的新政策、新举措。以
"阳光警务"举措为例,为了让公平正义"看得见""摸得着",上海市公安局依托
上海公安门户网站构建了市局、分局、基层派出所三级"阳光警务"大厅群,通
过"互联网+执法公开"新模式,公开执法依据、晒出执法过程,让权力在阳光
下运行。目前,"阳光大厅"内可供查询的案件总量已突破 139.3 万件,公开率
为 96.2%,群众已通过平台查询案件 7.6 万余次,满意率为87.3%。①

2017 年推出居民身份证异地办理服务措施。为进一步方便外省市来沪人
员异地办理居民身份证,全面深化户籍制度改革,让人民群众有更多的获得感
和满意度,上海市公安局坚持"让信息多跑路,让群众少走路"的理念,积极回
应人民群众的新要求、新期待,推出进一步便利居民身份证异地办理服务措
施。自 2017 年 7 月 1 日起,在本市合法稳定就业、就学、居住的外省市来沪人
员,申请换领、补领居民身份证的,可持有效身份证件至实际居住地公安派出
所办理。

四、"放管服"改革的问题短板

(一)政务服务瓶颈问题有待破解,与"上海服务"品牌建设要求存在差距

2018 年上海《政府工作报告》提出,要深化"互联网+政务服务",切实让群
众和企业在"上海政务"网上能办事、快办事、办成事。但根据国家行政学院
2017 年 6 月 20 日发布的"省级政府网上政务服务能力评估报告",上海总体排
名第四。(见表 1-1)在"服务方式完备度"上,上海排名第五;"服务事项覆盖
度"则排名第十一。可见,上海市的政务公开与"互联网+政务服务"工作仍然

---

① 高峰:《沪公安一年推 43 项改革措施让市民享受制度"红利"》,http://shanghai.xinmin.cn/msrx/
2016/10/17/30515780.html。

存在提升空间。

表 1-1　2017 年省级政府网上政务服务能力评估

排名	省级政府	总分	服务方式完备度指数	服务事项覆盖度指数	办事指南准确度指数	在线服务成熟度指数
1	浙江	91.21	100.00	87.23	90.46	89.51
2	贵州	91.18	97.00	88.18	90.08	91.50
3	江苏	90.91	93.18	90.27	96.66	81.00
4	上海	87.61	95.35	71.39	94.70	93.55
5	福建	86.02	94.68	76.15	90.77	85.02

　　备注:2017 年省级政府网上政务服务能力评估报告全文已在国家行政学院电子政务研究中心网站公布(网站地址为 http://www.egovernment.gov.cn/)。

　　1. 存在"信息孤岛"和"数据烟囱"

　　在 2017 年 9 月 28 日召开的上海市政务公开与"互联网＋政务服务"领导小组第一次全体会议上,上海市委副书记、市长应勇强调,目前,"信息孤岛"和"数据烟囱"仍然是制约"互联网＋政务服务"效能提升的关键因素。所谓政务服务的"信息孤岛"和"数据烟囱"是指,政务信息数据被分割存储在不同部门的信息系统中,无法实现互联互通、互相分享、整合利用,从而形成了"信息孤岛"现象。这就好比是出现一个部门一个"数据烟囱"的情况,"烟囱"与"烟囱"之间互不连通,而且在缺乏顶层设计和统一规划的情况下,信息化越发展就越容易固化这种部门分割的"纵墙横路",难以为居民、企业和社会组织等提供完整、高效、便捷的公共服务。"信息孤岛"和"数据烟囱"的存在,不利于提高政府效率和透明度,比如,社会上普遍反映强烈的群众办事要在各个部门反复奔波、行政审批环节繁复等现象,都与此密切相关。以道路运输执法为例,目前,对货运车辆可以行使执法权的部门不仅有交警、路政、运管,还包括高速公路管理、城管、工商、卫生、动物检疫等多个部门,罚款部门多,执法行为不规范,罚款依据不统一,只能叠加。

　　2. 服务事项的覆盖度、精细化方面有所欠缺

　　在服务内容上,有些网上办事指南仍然缺乏统一标准,精细化程度不高,准确性、时效性、实用性不强的问题仍然存在,有些权力事项的减法和服务事项的加法没有同步推进。在服务的深度上,存在重发布轻办理现象,网上申报办理的覆盖面和办理率不高,距离网上审批、现实办结、在线反馈、全程监督的

一站式的目标仍然有一定的差距。另外,还存在网上大厅和线下大厅割裂、平台创建模式集约化程度不高以及进一个网办所有事、一次认证全网通仍未完全实现等不足。"一网一云一窗"体系虽然已经形成,但是政务服务大厅、政府网站、政府业务系统、移动 App、社交媒体、呼叫中心等线上和线下多重服务渠道百花齐放,服务形式分散,缺乏集成化服务获取平台。同时,部门间职责与边界不清,业务流程繁琐复杂,效率低下,办理过程需提供大量重复信息和资料,社会和公众办事跑断了腿,还摸不清门。

(二) 贸易便利化水平和营商环境有待提升,与上海打造全球卓越城市核心竞争力存在差距

上海要打造全球卓越城市的核心竞争力离不开营商环境,总体而言,上海的营商环境是不错的。上海在"放管服"改革上下了很大功夫,为营造法治化、国际化的营商环境,相继出台了一系列改革措施,对于优化市场环境、减轻企业负担、激发市场活力、方便百姓办事起到了积极作用。上海政策公开透明、办事规范,法治环境总体水平较好,但根据世界银行有关口岸营商环境的排名,上海排在全球第 96 位,体现出上海营商环境存在的问题与短板。

行政审批中存在隐性障碍,事中事后监管缺乏细节管控。上海的行政审批制度在实际运行中仍然存在一些问题,主要体现在操作层面和行政末梢。行政审批中存在隐形障碍,环评、安评、社评等前置性审批效率偏低,基层办事人员在知识结构、政策水平、工作经验等方面与事中事后导向的政府监管改革不相适应。行政审批的公开性和透明度有待加强,行政审批的申请材料、等待时限、运作流程、告知承诺等事项仍然不够具体明确,影响了行政审批改革的"最后一公里"。

中小企业过度依赖政府补贴,缺乏市场化导向的产业政策。在产业政策方面,上海中小企业过度依赖政府补贴,没有形成市场化的中小企业培育成长机制。在政府补贴项目的分布方面,产业间、部门间和区域间存在着不平衡现象,缺乏与国际贸易中心发展定位相适应的专项补贴项目与引导激励政策。政府补贴的申请和发放,缺乏强有力的信息传播通道,使得部分非公有制中小企业被实际排斥在补贴项目的受益群体之外。此外,各类补贴项目缺乏科学有效的绩效评价机制,项目资金在科技成果转化、示范工程建设等方面的引领带动作用较弱。

企业用工成本高企,结构性人才短缺制约产业转型升级。上海是一座

2 400万人口的特大城市,受宏观经济形势和产业转移态势的影响,上海企业的用工成本高企,中小企业的社会保障负担较重。超大城市生活成本的高企,在一定程度上遏制了高素质人才的流入,限制了总部经济等高端产业样态的发展。在高端人才引进方面,我市的"千人计划""绿色通道"等机制发挥了一定的作用。但户籍制度中的加分落户政策还需完善,上海市政府2016年公布的《关于进一步推进本市户籍制度改革的若干意见》重申,到2020年,上海市全市常住人口规模将控制在2 500万以内,并根据综合承载能力和经济社会发展需要,在上海积分落户具体的指标方面,以具有合法稳定就业和合法稳定住所、参加城镇社会保险年限、连续居住年限等为主要指标,因此,经管类、法律类人才加分比较困难。与此同时,上海对"居转户"实行总量控制,人数超过总量控制目标时将实行轮候制。2016年一批公示的"居转户"名单中,审核通过的895人,多为大型公司、国企和科研企业人员。以上户籍政策并不利于外贸、金融、企业咨询等现代服务业的发展。

(三) 服务创新的体制机制有待健全,与上海创新之城建设要求存在差距

《上海市城市总体规划(2017—2035年)》提出,要建设更具活力的繁荣创新之城。但就现状而言,与伦敦、纽约、巴黎和东京等知名的全球城市相比,上海的创新能力仍显不足,具体表现为:

让创新者获利的分配制度不够健全。按照现行的税收和监管制度,被激励人员获得股权时需要交纳所得税,同时国企实施股权奖励被视为国有资产流失。

支持创新活力不同阶段的市场化投入机制不完善。主要是缺乏针对性的税收制度安排,天使投资发展较为缓慢,传统商业银行信贷不适应早期高风险、轻资产的特点。现有的中小板、创业板准入门槛较高,场外交易市场不发达,企业研发费用不够高。

从研发到产业化的创新链、价值链存在一定的体制机制障碍。比如,让科学家静下心来全心探索的制度有待完善,法律法规制度缺失。目前上海市对创新的管理服务方式上还有些不适应,支持方式上倾向于项目化的支持,对于科技型小微企业普惠政策不够,对于采购首台套支持力度不足,部分行业的前置审批仍然比较多,对创新活动包容性不够。

"德勒高科技高成长中国50强"显示,2016年上海有5家企业进入榜单,

比 2015 年增加 3 家,但与北京、武汉和深圳相比,其企业群体规模仍然小。

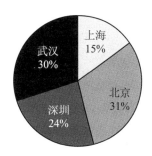

图 1-1　2016 年德勒高科技高成长中国 50 强分布

数据来源：https://www2.deloitte.com.cn。

（四）企业满意感、群众获得感有待增强,与甘当服务企业"店小二"精神存在差距

在企业调研过程中,上海市委书记李强提出,政府千方百计为企业提供良好服务,甘当服务企业的"店小二",上海才能真正当好"改革开放排头兵"。但从现实来看,市场主体仍然面临不少"难点""痛点""堵点"。

政府的回应能力有待增强。政府回应,就是政府在公共管理中,对公众的需求和所提出的问题作出积极敏感的反应和回复的过程。近年来,上海市政府在回应方面做了很多工作,回应能力有所提高,但是离公众的要求还存在一定差距。具体来看,主要是回应速度和回应效率方面还有进步的空间。

公共服务不足。与广大人民群众日益复杂化、多样化的社会公共需求相比,政府所提供的公共服务产品总量不足,公共服务的投入仍然偏低,尤其是在公共卫生、社会保障、公共基础设施、义务教育等基本的公共产品供给和公共服务方面。另外,长期以来,政府作为公共服务的主要提供者,几乎垄断了公共服务的提供,由于缺少竞争,使得政府提供的公共服务质量偏差、效率偏低成为不可避免的事。

（五）"降成本"成效有待提升,与上海推进"三去一降一补"要求存在差距

根据上海社会科学院经济研究所、上海社会科学院科研处和社会科学文献出版社联合发布的《上海经济发展报告（2017）》。在推进"三去一降一补"的过程中,上海与全国其他地方相比,在去产能、去库存、去杠杆方面的问题并不突出,虽然这些问题在某些范围也存在,如产能过剩是局部性的,房地产过剩仅限于商办楼宇方面,金融风险以外部输入为主,但上海最突出的问题是"降成本"与"补短板"。课题组分析,"成本"主要体现在四个方面:

第一,非税收费种类繁多。非税收费包括专项收费、行政事业性收费、罚没收入、国有资源(资产)有偿使用收费等多种类型。其中,行政事业性收费项目中涉及企业收费的有 64 项,占全部行政事业性收费项目的 50% 以上,对企业来说负担过重。

第二,中小企业融资成本高。上海大型国有企业众多,银行信贷资金多向大型国有企业集中,挤占了中小企业的信贷资源。中小企业受资产和规模的限制,一般较难符合银行贷款的要求,只能通过民间融资渠道进行融资,长期面临融资难、融资贵的困境。

第三,商务和用工成本较高。主要表现在办公成本高、土地成本高,企业的社会保障负担较重。在土地成本方面,数据显示,上海自 2007 年开始实施工业用地招拍挂制度以来,工业用地价虽然在全球金融危机爆发时出现了波动,但上升的趋势未变。2012 年以后,工业用地价格呈现持续上升态势,特别是 2015 年以来,上海每季度工业用地平均价格的同比上升幅度均保持在 10% 以上。2016 年第三季度,上海工业用地招拍挂出让,平均价格已高达每平方米 2 324 元,同比上升 10.5%。

第四,制度性交易成本高。制度性交易成本是指企业因遵循政府制定的各种法律、法规、政策等需要付出的成本。比如上海的知识产权保护落实不到位、行政审批手续不够简化导致企业的制度性交易成本升高。

五、"放管服"改革制约因素分析

(一)改革的推进存在"碎片化"现象

长期以来,我国存在着政府管理"碎片化"、公共资源运作"碎片化"、行政组织结构"碎片化"、公共服务供给"碎片化"等状况,让人民群众办事费尽周折。政务信息存在"多龙治水"局面。部门间信息化水平不一致,使用的软件互不兼容,相关平台间的沟通、对接难度较大,实现信息互联共享和联合惩戒还存在不少困难。不同部门间信息壁垒尚未打破,部门之间的信息共享程度低,特别是核心数据交换共享共用不够,大数据利用水平和能力有待提高,影响制度性交易成本的降低。在改革进程中,改革推进机构立足全局,以问题为导向，但具体改革议题选择、事项选择甚至改革政策和具体举措都要几上几下充分征求部门意见，部门不同意的改革动议往往都会流产。于是，不少政策公布了却久久无法落地，或者落地了反而造成企业办事更加不方便。另外，部门之间协调不够，重复执法，也加重了企业负担。

当前"放管服"改革进入深水区，一个突出问题就是打破政府部门的条块式划分模式、地域、层级和部门限制，为政府业务流程的重组和优化提供全新的平台，要对政府部门间的、政府与社会间的关系进行重新整合，在政府与社会间构建一种新型的合作关系，依靠政府机构间及政府与公私部门间的协调与整合提高行政效率，打造一个具有包容性的政府，使得提供更完备、全面、无边界的整体性治理成为可能。

（二）改革的举措存在未落实、未落细情况

由于"放管服"改革工作时间紧、任务重，加之政府还承担着其他改革工作任务，难以将全部人员及精力投入在推进"放管服"工作上，出现在推进部分"放管服"改革工作时，前一项改革任务在收尾阶段，又出现新的改革任务，为完成新的改革任务，便对上一项改革匆匆收尾，最终导致部分改革工作还未落细落实。

以上原因，也导致了改革的成效存在不完全显现的情况。"放管服"改革是一个系统的整体，既要进一步做好简政放权的"减法"，打造权力瘦身的"紧身衣"，又要善于做加强监管的"加法"和优化服务的"乘法"，啃政府职能转变的"硬骨头"，真正做到审批更简、监管更强、服务更优，这是一个艰巨复杂过程。最近几年，"放管服"改革取得了积极成效，对解放和发展生产力、顶住经济下行压力、促进就业、加快新动能成长、增进社会公平正义都发挥了重要作用。但与经济社会发展要求和人民群众期待相比仍有不小差距，必须以一抓到底的韧劲做出更多、更有效的努力。

（三）降低交易制度性交易成本给政府财政收入带来的压力

降低制度性交易成本，在全部降成本举措中，总体占比较小，但是随着"降成本"深入推进，降低制度性交易成本，取消一些行政事业性收费后，在一定程度上减少了地方财政收入。一些审批事项下放、收费取消后，原先依靠那部分收费收入作为公用经费补充的事业单位面临缺少经费的困境，必要的经费需要政府一般公共预算提供，进一步加大财政支出压力，产生了新的矛盾和问题。①

---

① 石英华：《广西、云南降低企业制度性交易成本的调研思考》，《财政科学》2017 年第 8 期。

六、推进"放管服"改革对策建议

(一)利用大数据打通政务服务"信息孤岛",进一步提升服务能级

为改变改革中的"碎片化"现象,应当重视大数据的利用,加强部门之间的信息共享,在当下集中审批模式基础上,基于统一高效和服务便民的原则,精简、整合和重构审批权力和审批机构,借助"互联网+"和云技术,通过电子政务方式创新,实现审批运行过程的重塑与再造。在企业注册登记及各类监管、信用信息等基础数据互联互通的基础上,寻求监管信息的协同办理,同网运行。

进一步推动建设统一的政务数据平台。在不同政府层面率先建立完备的同级政务信息跨部门平台,实现原有信息的跨部门共享与共有存储,原有封闭的政务信息必须在跨部门数据平台实现有效备份。这是要通过改变存储架构来改变政务信息孤岛存在的物理基础。二是推动建立政务信息共享的制度架构。应在政府内部统筹设置信息化建设与数据建设的推进机构,其重要职能是规范完善政府内部的所有信息化建设与数据建设,打破部门壁垒。在实现横向打通的基础上,进一步推动实现整个政府体系内的纵向信息打通。三是进一步推动政务信息共享的法律法规体系建设。实现政务信息共享,既要靠政府部门自觉主动,也要靠健全的法律法规体系。应将政务数据共享纳入法治轨道,不但实现政府部门内部的共享,还要利用法律法规推动政务信息与社会信息的共享对接。

落实数据共享开放机制。逐步实现"云数联动";提升网上服务能级,推进跨部门、跨区域、跨层级协同办理和流程优化,进一步增加"零上门""一次上门"等政务服务事项的数量;同时加快推进重点项目实施,争取在今年底前形成市、区、街镇三级一体化的线上线下联动统一预约服务模式。

要在依法安全的前提下,坚持政府数据资源共享是原则、不共享是例外,列出共享责任清单,把责任落实到位。要优化共享机制,完善共享平台,继续推动各方面数据向共享交换平台汇聚,打造全市统一的大数据平台,做到政务数据"应进必进、一网打尽"。同时,统一数据标准,为共享创造条件。

(二)不断完善市场准入和监管方式,创造良好营商环境

在 2017 年 12 月底召开的上海市优化营商环境推进大会上,市委书记李强指出,上海要建设卓越的全球城市,增强吸引力、创造力和竞争力,必须对标

国际最高标准、最好水平,不断提升制度环境软实力,努力打造营商环境新高地。总的目标,就是要加快形成法治化、国际化、便利化的营商环境,成为贸易投资最便利、行政效率最高、服务管理最规范、法治体系最完善的城市之一,争取达到国际先进水平。根据李强书记提出的要求,结合上海目前在营商环境方面存在的短板,下一步还要在以下几个方面作出更大变化:

优化政府补贴项目的评价机制,建立商务发展引导基金。规范市属部门与区县政府的企业补贴项目,制定科学有效的补贴项目绩效评价机制,聘请第三方参与绩效评价。对于整体绩效欠佳的补贴项目,要调整其使用方向和运作机制。要逐步减轻中小企业对政府补贴的依赖,提高补贴项目的市场化程度,尝试由银行、保险、信托等专业机构提供咨询意见,以确定补贴项目的中标企业。建立商务发展引导基金,由市商委负责基金的组建和管理,采取母基金形式,下设若干子基金,由国有或民间的专业投资机构负责运营,允许社会资本优先获取投资收益,以鼓励社会资本积极参与,提高财政资金的杠杆比率。

强化事中事后监管,探索政府部门监管职责的差异化发展。强化事中事后监管,优化监管流程,丰富监管手段,区分不同属性的职能部门在监管中的职责差异。逐步弱化经信委、商委、科委、发改委等部门的事中事后监管职责,使这些部门专注于政策制定和市场准入,明确市场监管部门的权责范围和权力运行流程,消除监管过程中的"盲区"和"死角"。以"权力清单"和"责任清单"推进事中事后监管过程的规范化和法治化。推动事中事后监管的社会化,聘请有资质、有能力的社会机构对随机抽查到的企业年报进行审计,建立企业信用行为有奖举报机制,鼓励社会公众参与监管。

深化商务诚信体系改革,着力突破政府与市场间的信息壁垒。加快推进商务诚信公众服务平台建设。坚持市场导向、需求导向,打破政府公共信用信息与市场信用信息壁垒并建立交互共享机制,以市公共信用信息服务平台为基础,以政府部门、平台型企业、第三方专业机构、社会组织等公共信用信息和市场信用信息的归集与共享为支撑,以市场应用为重点,逐步形成涵盖政府部门、市场化平台和第三方专业机构的信用信息综合网络,逐步建立覆盖线上线下企业的区域性、综合性信用评价体系。面向政府、行业与公众三大主体,探索形成可复制、可推广的应用模式与制度规范,为全市及全国商务诚信体系和社会信用体系的建立与可持续发展奠定基础。

降低企业的人力资源成本,打造创业创新的人才洼地。超大城市高企的人力资源成本和生活成本,已经成为上海中小企业可持续发展的瓶颈之一。

市商委、经信委、科委等部门应该成立社保成本专项补贴,对符合上海产业转型方向的战略性新兴产业以及"四新经济"企业给予补助,支持其降低人力资源成本。市教委应该推动上海高等教育结构战略性调整,重点支持一批应用技术型和应用技能型高校做大做强,设立优秀技术工人培养计划,选取三到五所高校进行政策试点,以促进上海人才结构的转变。以市委市政府出台的《关于深化人才工作体制机制改革促进人才创新创业的实施意见》为基础,破解上海人才引进方面的制度性问题。完善应届生加分落户政策,重点调整经管类、法律类、文史类学生的加分政策,将在校期间学术论文的发表情况与科技专利同等对待。加强各类保障房建设,降低生活成本。建立保障房建设规划与人才引进计划的联动机制,支持区县建立高层次、高技能人才住房保障专项计划。

加快打造与国际大都市地位相匹配的现代产业体系和经济形态。上海要转变政府对产业的培育模式,形成动态跟踪、分类扶持、精准投入的新兴产业发展机制,政府要在新兴产业供给方面转换角色。可以借鉴全球知名的技术咨询公司高德纳的技术成熟度曲线(简称"高德纳技术曲线"),研究在技术快速变化条件下,如何利用市场机制动态把握新产业突破的方向。高德纳技术曲线通过动态跟踪分析和判断各类前沿技术及其细分领域实现商业化应用的趋势,成为市场参与者观察、跟踪前沿技术和产业的风向标。上海地方政府应当借助高德纳曲线,建立通过市场发现和培育新兴产业及前沿技术的动态跟踪机制,改变政府发展战略性新兴产业的传统"套路",提高政府产业政策的"精准度"和应变能力。

(三) 优化公共服务效能,进一步提升企业获得感、群众满意度

(1)重视门户网站的设计。作为国际大都市,上海市的门户网站设计上应当向国际城市看齐,例如纽约 CityNet 网络的应用就是很好的成功经验。为了方便市民了解政务信息、提高市民政治参与度,纽约市政府采用 Cisco 公司开发的一项名为 CiscoBlue 的解决方案,先构建一个覆盖全市的集成式城域网,然后依托此基础平台,构建面向市民的开放式政府门户网络。纵观该网站的主页,这个作为纽约市政府对外发布信息的窗口,市民既可以了解市长及各主要政府官员的背景介绍、大政方针的实施情况以及市政府机构设置和职能等相关信息的概况,可以在线观看市议会的会议视频,查看市长每天的工作日程安排和所有政府部门的运行状况;对市民开放网上办公,将相当一部分申请和审批业务放到网上进行。[①]市民足不出户便能进行多项申请,并且可以通过

---

① 蔡丽诗:《电子政务职能优化研究》,西南财经大学,2013 年,第 42 页。

网络了解业务审批的进展情况,在线支付必要的费用以及电子签名等,实现了"一站式"电子政府。上海市门户网站的设计也应当向纽约市政府网站的建设取经,重视网上政务大厅、市民云、诚信上海 App 等平台的建设,以推动城市经济的发展,提高行政审批效率,增加工作岗位,随之提高就业率。(2)健全政府回应机制。重点是要加大政务公开力度,"以公开为原则,不公开为例外",及时、准确、全面公开群众普遍关心、涉及群众切身利益的海关信息。认真研判处置重要政务舆情、重大突发事件、媒体关切热点等问题,及时借助媒体、网站、微信、移动客户端等渠道发布准确权威信息,确保不失声、不缺位。健全完善执法公示制度,做好行政许可和行政处罚等信用信息公示,推动社会信用体系建设。(3)要做好政策论证与解读。政策出台前要深入调研、充分论证,广泛征求社会和基层意见,健全各类规章草案公开征求意见和意见采纳情况反馈机制。事关人民群众切身利益或备受国内外舆论关注,涉及宏观经济稳定、市场稳定以及重大政策调整的,牵头起草部门应将文件和评估情况、解读及舆情应对方案等一并报批。政策出台到实施一定要预留必要的时间,方便企业和群众做好准备工作。政策出台后,要同步做好宣传解读工作,让企业和社会公众广泛知悉政策内容。

(四) 进一步发挥优化服务举措在降低制度性交易成本方面的作用

打好降低企业成本的组合拳。降低企业制度性交易成本,除了结构性减税,政府还要打好组合拳。(1)为降低企业财务成本创造条件。积极培育公开透明、健康发展的资本市场,优化金融资源配置,提高金融机构管理水平和服务质量。同时,政府需要鼓励竞争,发挥市场在资源配置中的决定性作用,并制定鼓励实体经济发展的政策,为降低企业的财务成本创造良好的外部环境。(2)用好"一站式"服务举措。以张江跨境科创中心的运行模式为例,张江拥有大量生物医药和集成电路企业,相关企业的空运进口货物,特别是研发用的材料对通关时限、货物查验、存放条件等都有较高的要求。过去的通关模式下,企业需往返于海关、国检的机场查验点,对生物医药研发类公司而言,如不能及时通关,易造成实验进程滞后,错失与全球同步的研发竞争机会。现在运行的张江跨境科创中心由海关、国检派员入驻,实现了关检合作"三个一",即一次申报、一次查验、一次放行。统计显示,实施"关检一体化"后,张江企业的通关时间,将从过去的平均两三天缩短到当天就能完成通关手续。

第六章　以用户需求为导向、推进政务流程再造

　　随着互联网技术的发展,人们从传统的物理技术空间逐步过渡到网络社会空间。大数据时代的来临意味着数据成为社会的重要资源,政府作为一国数据的最大的生产者和拥有者,充分挖掘数据潜力、提高数据利用水平、加大政府数据开放力度对提升政府治理能力十分重要。①政府流程再造是政府管理创新的一种重要形式,它的目的就在于打破传统分散的、串联式的政府流程,建立并联的、一站式的、无缝隙的政府流程,以更好满足公众需求。同时,电子政务的发展也为政务流程再造提供了契机,他能够为公众提供更加实时、精准、个性、便捷的服务。当然,政府必须尊重网络社会自身基于技术优势而形成的技术治理手段,要妥善处理好网络社会的法律规制与技术规制的关系,最终形成一个二元共治的网络社会治理模式。

一、流程再造的内涵及体现

　　为克服传统政务流程的分散复杂,政务流程再造借鉴了企业发展中业务流程再造的理念,以公众服务为核心,公众满意度为导向,充分借助现代通信技术,对组织内部及组织间流程进行重新设计,达到资源的分配和共享,旨在提升政府服务水平,提高政府工作效率。目前,大多国家的政务都是按"金字塔"式的官僚体系来组织的,塔内再以等级的层级结构来区分,如此虽利于把控,但造成了各部门间信息不畅等问题。政务流程的再造最大程度地克服了以上问题,使信息在整个流程中得以共享。政务流程再造的目的就是要将政

---

① 马文:《中国政府数据开放顶层设计中的程序制度研究》,载《电子政务》2017年第5期。

府改造成以流程管理为主的新型高效政府。①

政府再造理论体现了政务流程再造的本质特征。"政府再造"是对政府部门进行的根本性变革,融入以"公共需求为导向"的核心理念,最大限度地满足公众需求,通过变革目标宗旨、职能结构、管理形式、服务方式等实现政府角色的重塑和职能的转变,从成本、速度、服务等各方面提升工作质量,提高政府公信力,实现内在的价值追求,进而最大限度地适应新环境新挑战。政务流程再造特征体现如下:

以公众为中心,以服务为导向。相较于服务型政府,传统政府更多强调的是管理和统治,它的整个管理过程都是围绕政府开展的,很少考虑到民众的意愿,换句话来说就是一种管制型的政府,就服务的供给而言,政府提供的是一种具有垄断性质的整齐划一的公共服务,缺乏对公众需要的把握与了解,公众只能被动接受。政务流程再造的任务能够改变传统的行政观念,倾听公众的意见,从公众的角度出发来重新审视,最终打造一个具备服务意识、负责任的政府。②

政务流程再造面临环境的复杂性。所有行政活动都是在相应的环境下进行的,同样,政务流程再造也不例外,一方面,我国的工业化进程还没有完成,信息化进程就已经推进;另一方面,政务流程再造是彻底的重新再设计,不再是简单的业务简化和流程缩短能够完成的,在此过程中就必然会牵涉多种类的变动,遭到各利益集团的抵触和阻挠,这就增加了流程再造的难度。

政务流程再造是持续的、动态的。政务流程形成之后不是固定不变的,他会根据政治经济社会环境的改变而不断发展,当公众的需求、政府的政策发生变化时,政府工作人员就需要根据这些变化来重新审视、整合、优化,甚至再造这些流程,以便更好地满足公众的需求。

政务流程再造注重网络信息技术的运用。技术的真正力量在于能够打破原有的条条框框,抛弃陈旧的工作流程,创造一种更符合现实工作需要的、全新的工作方式。因此在政府流程过程中要对信息技术的作用要有一个清晰的认识,持续不断地通过各种方式对网络信息技术进行学习,并灵活地将其应用到政务流程再造中,真正发挥信息技术其价值。

---

① 苏荣泽:《"互联网＋政务"流程再造研究》,《经济研究导刊》2019 年第 3 期。
② 于瑞娟:《电子政务环境下的政府流程再造研究》,东南大学硕士论文。

二、依托技术治理实现法律价值

党的十八大尤其是十八届四中全会打开了全面推进依法治国的新视野，无疑也将推进依法行政、建设法治政府的境界提升到了前所未有的新高度，进一步扩展了推进依法行政的外延、丰富了法治政府建设的内涵。同时党的十九届四中全会提出要推动社会主义制度更加完善、国家治理体系和治理能力现代化水平明显提高，为政治繁荣、民族团结、人民幸福、社会安宁、国家统一提供有力的保障。深入推进依法行政，加快建设法治政府，就是要将政府工作全面纳入法治轨道，将政府的权力关进制度的笼子里。除了将行政管理和执法权关进制度的笼子里外，还必须将政府立法和决策、监督和问责纳入法治轨道，将决策权和监督权关进制度的笼子里。加快建设法治政府，需要从多个角度审视深入推进依法行政的新课题。

（一）社会治理价值

电子政务的出现，不是机械地将传统的行政管理体系原封不动地搬到互联网上，而是对其进行组织机构的重组和业务流程的再造，为社会提供更加方便、快捷、透明、公正的服务。梳理服务理念，要求不能按照政府的组织结构和业务流程来设计网上办公流程，而是必须以用户为中心，按照公众的意向和行为习惯来设计，通过信息技术加强政府与企业、公众之间的平等、交互式沟通，增强公众参与程度，促使政府从管制型向服务型转变。①

实现社会治理，要求首先创新服务模式，以服务大众为导向。首先，市民主页和企业专属网页中汇聚涉及市民、企业的各类基础信息和政务服务记录，提供不同的主题服务。其次，开展政务服务大数据分析，把握和预判公众办事需求，积极利用第三方平台，开展预约查询、证照寄送等服务，积极探索开展多样化的便民服务；然后为了解决人户分离带来的办事不便，需要依托社区事务受理服务中心，进一步推动信息传输平台统一、政策标准统一、办事指南统一、受理时间统一，打破地域限制，让居民在任一社会事务受理服务中心都可以享受"全市通办"的便利。最后，也要注重对于"互联网＋政务服务"实际应用成效进行评估，以办事对象"获得感"为第一标准，强化办事对象在获取政务服务

① 云粤：《依法行政与电子政务研究》，《中国特色社会主义研究》2016年第12期。

过程中的便捷度和满意度。通过移动信息的检测,能够进行及时反馈,予以监控,不仅创新了公共服务方式,也给人们的生活带来了便利。

通过创新社会管理方式,加强智慧服务建设,让更多的群众能提体会到智慧社区所带来的种种便利,让信息公开透明,让群众办事最多跑一次,让人工和智能相结合,让不懂的老年人接受办事职员的悉心指导,而让那些对于互联网了解更深的年轻人使用智能终端,缩短排队长度,真正体会到数字生活给我们带来的便利。"互联网+"的时代深刻地改变着传统的公共服务模式,为社会治理的创新提供了发展机遇。①

(二) 权力监督价值

依托信息技术,防止信息权力滥用。电子政务系统中,现代信息技术和通信技术充分应用于权力运行过程,实现了政务信息的多管道和"点对点"传输,从而在网上构建一种新的信息传输模式,形成一种完全开放的矩阵式组织结构,防止中间节点对信息的截留、屏蔽和衰减。上下级政府部门之间的各种政令均能够在网络上通过,从而有效地控制了信息传递导致的权力滥用现象。

依托程序化使用,增强行政系统自身的监督。电子政务作为一种新的行政行为模式,其鲜明特点之一就是表现为程序化。程序化的政务流程有效地规范了公共管理人员的权力运行方式,行政不再像过去那样受到心情、性格、印象等主观因素的影响。此外,计算机平台上行政的程序化可以替代公共管理人员的某些决策或提供某些决策支持,避免了决策结果收到决策者业务水平和个人偏好等因素的影响,增强了行政系统自身的监督。此外,通过结合本地实际情况,针对政务服务运行的事前、事中、事后各个环节,从事项公开信息的完整性、事项办理的时效性、流程合法性和内容规范性等方面梳理本单位相应的内部监察规则,确定监察规则的类型、描述等内容,编制监察规则目录,对于时效异常、流程异常、裁量异常、廉政风险点异常等实时监控,积极利用电子监察手段进行内部监督检查。

提高权力运行透明度,强化社会舆论监督。电子政务的实施提高了政府工作的透明度,便于社会舆论对政府工作的监督。政府通过电子政务系统在网上发布公告,公布政府的法规和政策,以及领导人的基本情况、政府的行为倾向等,将政府的行政行为暴露于阳光之下,减少权力滥用的可能,为社会舆

---

① 吴钧鸿:《基于智慧政务的社会治理创新方法》,《智库时代》2019 年。

论监督提供了信息基础,增强了社会舆论监督本身的质量。此外,建立科学有效的评估指标体系,通过选择科学的评估标准和评估方法,对网上政务服务的过程进行综合的、全方位的考察、分析并给予评价、判断和总结,真正达到第三方评估的效果;还可以通过建立多种用户互动方式,包括但是不限于咨询、建议和投诉的方式,第一时间知晓公众的用户体验感,为优化政策措施、提高服务质量、判断未来走势等提供决策参考和依据。

三、依托法律治理规范政务流程

(一) 正当程序的贯彻

正当程序是行政法的基本原则,是通过程序法律制度来建构一种法律秩序。它的实现路径主要是通过"程序制约权力"。以行政审批为例,首先是申请,需要列出申请编号、申请材料、申请接收、收件凭证送达等相关要求;其次是受理,需要列出受理审核、补正材料、受理决定、审查方式确定和收件转办等;接着进行审查,要求列出所需采用的审查方式和要求。审查方式,应按简化流程、提高效率的原则,根据政务服务事项的具体情况选择若干种方式,如书面审查、实地核查、招标拍卖,等等;接下来是否决定,根据审查人提出的审查意见,由决定人决定是否批准申请人的申请。能够由受理人当场进行审查和作出决定的事项,受理人应当当场作出决定。完成集体审查的事项,由决定人作出决定。然后是证件的制作与送达,要求列出证件的类型、名称和内容、岗位职责和权限、制作、送达方式和时限、无法送达的处理、文书、材料归档的内容、要求和时限等;属于并联审批的,证件可以由并联审批各实施机构分别送达申请人,或者统一由综合窗口或牵头实施机构送达申请人。此外还有要对决定的公开、收费、咨询等程序性内容予以补充。通过正当程序的贯彻落实,有利于规范政务处理流程,防止公权力滥用,遏制腐败;保障人权,保护公民、法人和其他组织的合法权益不受公权力主体滥权、恣意行为侵犯。

(二) 实体权利的实现

"一网通办"相关法治建设,一是要依托网上行政审批的技术规制建立起以信息技术为平台的权力运行机制。使得政府的行为方式和工作流程被强制性规定下来,防止权力异化并抑制自由裁量权的滥用。二是要依托网上行政审批技术规制引入并强化标准化管理的理念和方法。推动行政审批的条件、程序和时限等的标准化。三是要依托网上行政审批的技术规制建立起强有力的他律规制。从源头上有效地遏制腐败,推动法治政府和廉洁政府的建立。①

政务信息化与实体政务相比,有着明显的区别。它以实体政务为依据,但并不是简单机械地将实体政务搬到网上,而是要对实体政务组织和政务流程进行必要的重组和再造。以行政审批为例,大量的规则以软件的标准化形式内嵌于网上行政审批系统之中,为防止权力异化并抑制自由裁量权的滥用提供了可能。同时,现代信息技术的植入和渗透,使得政府的行为方式和工作流程被强制性地规定下来,"技术可以促进合作和信息共享,但是它同样可能通过设计被强行用来促进控制以及人们对规则的遵守"。它在赋予政府运行技术化和智能化属性的同时,实现了权力行使的程序化,由限制权力向规范权力运行转变,也实现了权力监督的程序化。

由此可见,"一网通办"作为电子政务的一种形式,其管理呈现出两个重要的特点:一是依托技术的管理,二是与技术管理伴生的标准化管理。法治是否能介入? 或者说,在类似的管理方式下,法治如何介入,这是新时代法治建设要回应问题。应当来说,技术规制作为手段是价值中立的,但其所设定的标准本身是存在法治价值的取向的;同样,对技术规制的效力认可、出错后的纠错等程序的设置及其权限分配、监督机制的设立等也是存在法治价值的取向的。法治如何找到介入技术规制的切入点,法治如何与技术形成"制度+科技"的有效社会治理"共赢"模式,是当前法治建设中值得深入研究的问题。

四、流程再造中存在的法律问题

党的十八届三中全会决定指出,要"进一步简政放权,深化行政审批制度改革,最大限度减少中央政府对微观事务的管理,市场机制能有效调节的经济活动,一律取消审批,对保留的行政审批事项要规范管理、提高效率;直接面向基层、量大面广、由地方管理更方便有效的经济社会事项,一律下放地方和基层管理"。党的十八届四中全会通过的《中共中央关于全面推进依法治国若干重大问题的决定》有进一步的要求,而减少行政审批则是实现这一目标的重要手段。而行政审批作为进一步深化改革的突破口,面临着新的机遇和挑战。行政审批的创新主要是指各地积极探索有益的手段以优

---

① 秦浩:《中国行政审批模式变革研究——基于行政服务中心的实践》,吉林大学 2011 年博士论文。

化、简化行政审批程序,以提高审批效率,其中以告知承诺、容缺受理、并联审批三种方式为例。[①]

(一) 受理的一般法律效力

1. 受理的时间效力

行政受理行为适用告知、受领以及即时生效规则。第一,行政受理告知生效,是指行政主体将受理行为的结果以一定的方式或形式通知行政相对人的行为。行政受理行为的告知生效是较为普遍的生效条件,但是告知并不等于告诉,而是以受告知人对行政受理行为的知悉和知晓为标准的。另外,行政受理行为内容的告知限定在只有告知的内容发生法律效力。第二,行政受理受领生效。"受领"在这里主要是指行政相对人对行政受理的接受和领会,然而,一般来讲,行政受理的告知与行政受理的受领是同时发生的,因此告知生效也就意味着受领生效。但是,受领并不意味着行政相对人对行政受理的认可与接受,但是不认可本身违反行政行为的先定力。因而,受理应当理解为对于行政受理内容的接受以及知悉而并非到主观上对行政受理的认同,且行政受理的受领与行政受理的告知具有相同的意义。第三,行政受理即时生效。大多数学者认为,行政行为一经做出即具有法律效力。也有观点认为这种受理行为生效应排除行政相对人,否则无异于剥夺了相对人获悉行政行为内容的权利。这种不经告知就发生法律效力的状态并不符合法治的要求。其次,行政行为已经做出即对行政主体发生效力,目的是使行政主体受到更多的约束,从这个意义上来说,行政主体的即时生效是有积极意义的。但是,这种意义在实践上来讲,对于行政主体的即时有效只有通过行政主体的对行政相对人的告知才对行政相对人产生效力,但是行政效力在行政主体和行政相对人之间产生的生效时间差并没有多大的意义。在行政受理领域,行政受理的即时有效也只能是对行政主体来说,对于行政相对人来说只能是被告知时产生效力。[②]

2. 受理的主体问题

本市网上办理中涉及的法律主体主要是市政府大数据中心、相关事项的行政管理部门、服务(受理)中心。但是,受理主体方面权责不明确是当面面临的主要问题。除部门之间固有的利益藩篱外,现行有效法律规定对"网上办

---

① 黎军:《行政审批改革的地方创新及困境破解》,《广东社会科学》2015 年第 4 期。

② 赵梦雅:《论行政受理》,中国政法大学 2009 年硕士论文。

理"中所涉及的主体职责边界和法律责任没有做出明确的划分和规定,导致相关行政管理部门和服务(受理)中心对各自的应尽的职责与可能承担的法律责任缺乏清楚的认识与理解。主要表现在"前台综合受理"的受理主体与"后台分类审批"中的审批主体之间的法律责任问题。本市的"前台综合受理"由各区的行政服务中心和各街镇的事务受理中心负责,但是对于何为受理存在理解歧义。行政管理部门认为,前台综合受理的受理,只是收件,申请事项并没有进入审批程序;而相当一部分申请人认为,收件就是受理,因为行政服务中心或事务受理中心代表的就是行政管理部门;行政服务中心或事务受理中心则强调,前台综合受理,既包括行政管理部门所说的"收件",又包括申请人线上线下的咨询。基于对"受理"理解上的不同,则会出现申请人寻求救济时所要找寻的责任主体不明确。行政机关办理行政审批、行政服务等事项,期限从何时起算? 行政机关如果对"不予受理"或"不予许可"产生异议,哪个部门将成为行政复议的主体或行政诉讼的被告?

因此,"一网通办"要做到建成一个总门户,实现一网受理、一网办理、全市通办,实现让企业群众只跑一次、一次办成的目标,真正做到从"群众跑腿"到"数据跑路"、从"找部门"到"找政府"。其中最重要的是要通过立法形式,明晰受理主体以及责任划分,可以探索采用委托或授权的形式明确前台综合受理主体与后台行政审批主体的关系及责任分担。

(二) 受理形式方面的问题

1. 容缺受理制度

容缺受理制度,是指对基本条件具备、主要申请材料齐全且符合法定形式,但次要申请材料有缺陷的行政审批事项,经申请人作出书面承诺,由行政机关先行受理并进行审查的制度。容缺受理制度是对传统行政许可理论的一次突破,是行政许可工作中的一个创新。它是基于对申请人的信任,需要申请人的配合,申请人书面承诺在该规定的时限内补齐所缺的材料。在程序上,受理人员在收到申请材料或者补正材料后1个工作日内报审查人员审查,需要现场核查或者专家评审的,组织核查、评审。行政机关自受理之日起14个工作日内作出是否许可的决定。它面临的最大难题还是合法性问题,《行政许可法》第32条是目前与"容缺受理"制度唯一相关的法律规定。这一规定实际上与"容缺受理"制度的前提大致相同,都是属于申请材料不齐、不符合法定形式的情形,但是处理程序不同。即当同样面对申请人材料不齐的情形,按照《行政许可法》该条款的规定,行政机关应该做到一次性告知义务,待申请人补齐相关申请材料之后,再行受理;"容缺受理"制度的处理情况是,将申请材料分为关键性材料和非关键性材料,一旦认定材料不齐属于非关键性材料,则通过一次性告知和让申请人作出书面承诺的形式进行受理,当认定欠缺的材料属于关键性材料,则按照《行政许可法》规定进行一次性告知需要补齐的材料和期限。这实际上并不能从该条款中直接得出"容缺受理"制度的法律依据。此外,国务院文件不足以作为"容缺受理"制度的法律依据。再次,地方规范性文件制定的法律依据不足。许多地方政府出台规定"容缺受理"制度的规范性文件在阐述文件制定依据时,大都没有列出相应的法律依据。①

容缺受理制度是地方政府在法律授权之外的制度创新或者制度构建,实际上目前还是欠缺法律规范依据的。在容缺受理制度中,要注意区分主次材料,行政机关应当合理地界定每一项行政许可的主次材料,以防止个别部门偷换概念,把容缺受理变成欠缺受理,从而造成审批违法。在不违反法律规定的情况下,方便当事人申请行政许可。此外,申请人未在承诺期限内报送所缺的材料的,受理人员应当及时催告申请人,了解情况,特殊情况审批期限可以延长,将理由告知申请人。

2. 告知承诺制度

告知承诺是指行政审批机关告知申请人审批条件和需要提交的材料,申请人以书面形式承诺其符合条件即可取得行政审批决定的方式。行政许可领域内的告知承诺制度不仅是对原有行政审批流程的再造,而是从实质上对《中华人民共和国行政许可法》(以下简称为《行政许可法》)的全面突破。其中,《上海市行政审批告知承诺管理办法》(以下简称为《办法》)是地方政府通过规章的形式规范了行政审批流程中所采取的告知承诺方式的典型。从告知承诺制度的合法性角度来看,告知承诺制度对《行政许可法》的突破首先体现在原则和精神上,对应的条文则集中于《行政许可法》第一章总则内。《行政许可法》第一条开宗明义:"为了规范行政许可的设定和实施,保护公民、法人和其他组织的合法权益,维护公共利益和社会秩序,保障和监督行政机关有效实施行政管理,根据宪法,制定本法。"行政许可的基本性质是对特定活动进行事前控制的一种管理手段,而《办法》作为地方政府规章,实质性地将审查从行政许可的程序中删除,实难与上位法保持协调一致。另一方面,当申请人取得了其

---

① 韩业斌:《"容缺受理"制度的合法性释疑》,《宁夏社会科学》2019 年第 3 期。

本不该取得的行政许可,在其从事该项被许可的活动时,对第三人或公共利益造成了损害,行政机关是否应承担相应的责任。《行政许可法》第三十四条规定了行政机关在受理申请之后进入审查阶段,包括形式审查和实质审查两种方式。往往需要实质审查的申请许可事项就属于情况复杂或者重大的,《行政许可法》就要求行政机关采取审慎的态度。而从《办法》第五条中规定的可以采取告知承诺方式的事项范围以及除外范围来看,不采取告知承诺方式的事项范围和实质审查的事项范围,前者并不能完全包含后者,意味着存在需要进行实质审查的事项却采取告知承诺方式颁发许可的可能性,这对于公共利益是有不小的风险的。①

在告知承诺制度中,如果单纯以当事人承诺作为赋予其市场准入资格的依据,一旦承诺未兑现,其可能产生的负面后果绝非撤销审批决定和施以处罚就能实现补救的。此外,不以立法为依据的审批权力集中,则可能引发机构之间的权限争议,进而影响审批决定的合法性问题。告知承诺制实际上已经改变了公司登记机关法定的审查方式,规避了公司登记机关法定的审查义务,改变了行政审批法律关系中审批机关、申请人和社会中介机构之间的法律责任分配机制。因此,尽管告知承诺制或许更符合市场经济的发展和需要,但是由于改变了法律、法规设定的法律权利义务的分配机制而陷入合法性危机的尴尬境地。告知承诺制可谓是一些地方政府和行政审批机关对法定的行政审批事项不适应市场经济发展需要的一种曲线性的、规避法律的手段,是对某些所谓的行政审批事项一种策略性的、有限度而无奈的放弃。②

3. 并联审批制度

并联审批,是指对涉及两个以上部门共同审批的事项,实行由一个部门协调或组织各责任部门同步审批办理,做到"一门受理、抄告相关、同步审批、限时办结"。党的十八大、十九大以来历次全会,对建设项目网上并联审批非常重视,李克强总理多次指出,建设网上是实施行政审批制度改革的重中之重,是深入推进放管服改革,加快政府职能转变,建设服务型政府的必由之路。2009 年 4 月,上海市政府出台《上海市并联审批试行办法》,要求"对同一申请人提出的,在一定时段内需由两个以上本市行政部门分别实施的两个以上具有关联性的行政审批事项,实行由一个部门统一接受、转送申请材料,各相关

---

① 吕健:《行政审批告知承诺制度合法性质疑》,《理论观察》2019 年第 5 期。
② 李孝猛:《告知承诺制及其法律困境》,《法治论丛》2007 年第 1 期。

审批部门同步审批,分别作出审批决定。"该制度优势在于能够有效地节约人力和时间成本,提高审批效率,方便申请人。

目前来讲,并联审批存在诸多问题:首先是审批单位范围较狭窄,即参加并联审批的同级单位范围有限;参加并联审批的上下级单位范围有限,我国开展网上并联审批的部门主要是同级行政主管部门,上下级行政主管部门之间缺乏并联审批;其次,并联审批的技术服务和系统建设不到位,存在一些技术上的缺陷;然后是网上并联审批的法律规范层次不高,目前,政府出台的网上并联审批规范大都是以指导意见、办法或是条例的形式发布的,法律层次不高,缺乏强有力的法律支撑;且现有法律法规与网上并联审批相冲突。比如就卫生许可而言,按照现有法律规定,企业应该首先获得卫生监督部门的许可,获得《卫生许可证》之后,再到工商部门办理登记。但是现有法律规定,工商部门办理注册登记时必须查验《卫生许可证》的原件。这样,就导致并联审批的中断。①

4. 监督制度的完善

近年来,坚持放管并重、放管结合,以减少和规范行政审批为重点,以制约和监督行政审批权力为核心,对"放""管"进行有机结合,更好地优化审批与监管联动机制,促进服务政府、责任政府、法治政府和廉洁政府建设,推动全县经济社会又好又快发展。②在我国网上并联审批过程中,却出现了比较严重的登记管理和监督管理相互脱节的现象。比如在工商部门的审批中,有的企业营业执照与许可证上面的有效期不一样,还比如有的企业领取营业执照后没有领取许可证等问题非常突出。③在我国容缺受理和告知承诺中,由于缺乏监管,极易出现行政自由裁量权的滥用。各地推行的容缺受理制度中,对于哪些属于主要材料、哪些属于次要材料却有不同的规定,显示出巨大的自由裁量空间。以公司设立登记为例,广西壮族自治区《贵港市工商局关于在企业登记中推行"容缺"制度的通知》规定,股东(发起人)出资情况、住所(经营场所)登记表等七项材料属于可容缺材料。浙江省《绍兴市级行政服务容缺受理事项及非关键性材料容缺清单》则规定,股东的主体资格证明或者自然人身份证件、复印件等三项材料为可容缺材料。④

就容缺受理制度而言,行政部门为了强化对欠缺材料申请人的监督,在制

---

① ③ 吴昊:《我国网上并联审批存在的问题及对策探析》,《政经视点》2012 年第 21 期。
② 桓台县委编办:《推动行政审批与事中事后监管双轨运行》,《机构与行政》2019 年第 8 期。
④ 韩业斌:《"容缺受理"制度的合法性释疑》,《宁夏社会科学》2019 年第 3 期。

度设计上,需要申请人填写《容缺受理承诺书》,要求申请人在规定时间内补齐所有申请材料,否则承担相应后果。同时,比较重要的是对政府部门进行监督,应当通过受理投诉、行政复议、案卷评查、行政诉讼等方式,审查受理人员有无严格按照当地出台的规范性文件办理,操作规程是否合法、有无超期许可,有无混淆区分主次材料,有无接受申请人吃请和收受礼品等违法违纪情况。其次要充分引入社会力量参与制度建设,在制度设计中要听取当地民众的心声,在对关键材料和非关键材料的分类梳理上要倾听专家意见,这样才能改变该制度中不合理的设计,使得该制度能够最大限度减少民众因此造成的重复往返现象,提高办事效率。

在告知承诺制度中,由于一方面法律、行政法规规定了一个行政审批事项;另一方面,行政审批机关在想方设法放弃甚至是规避对行政审批事项法定的实质性审批义务。要让"告知承诺制度"真正能保障公共利益和质量安全,推行"黑名单"制度,把企业和从业人员的违法违规、不履行承诺的不良行为向社会公开,构建"一处失信,处处受限"的联合惩戒机制。同时,有关部门要用一些新型的手段进行管理,如采用"互联网+"的监管模式来提高行政监管的效率,拓宽公共监督的渠道,形成政府、市场、企业以及社会共同参与的监管格局。

对于并联审批制度而言,一是要做好登记后的监督管理。相关政府部门针对取得许可证后的企业,要加强日常监督管理,加强对并联企业许可证的检查。对那些没有取得许可证的企业,要依法进行处罚。二是要成立立体监督网络,对服务中心进行监督。通过这样的立体监督网络,及时搜集和处理社会公众对政府网上并联审批的意见和投诉。三是要对网上并联审批项目进行后期评估。政府绩效管理部门要对政府网上并联审批项目建设进行专门的审计监督和绩效评估。

第二编

浦东园林绿化工程监管的实践探索

第一章　浦东绿化发展历史背景和绿化自然资源现状

　　浦东新区作为上海市的一个市辖区,因地处黄浦江东而得名。浦东南与奉贤区、闵行区两区接壤,西与徐汇区、黄浦区、虹口区、杨浦区、宝山区五区隔黄浦江相望,北与崇明区隔长江相望;地势东南高,西北低,气温偏高、降水偏多、日照时数偏少;全区面积 1 210 平方千米,常住人口 550.10 万人,辖 12 个街道、24 个镇。

　　2013 年 1 月 29 日,浦东新区入选住建部公布第一批国家智慧城市试点名单。2016 年,浦东新区完成国内生产总值 8 731.84 亿元。2017 年,浦东新区重新确认国家卫生城市(区),继续保留全国文明城市荣誉称号。2018 年 10 月 22 日,入选 2018 年全国农村一二三产业融合发展先导区创建名单。

一、历史沿革

　　南北朝时梁大同元年(535 年),隶属于信义郡昆山县。

　　唐天宝十年(751 年),立华亭县后,为华亭和昆山县东境的海滨之地。

　　南宋嘉定十年(1217 年),析昆山东境立嘉定县后,分属华亭、嘉定 2 县。

　　元至元二十九年(1292 年),华亭县东北部分立上海县,分属上海、嘉定 2 县。

　　清雍正三年(1725 年),上海县析东南部立南汇县,嘉定县析东境地区立宝山县,此时分属上海、南汇和宝山 3 县辖地。嘉庆十五年(1810 年),由上海、南汇两县析设川沙抚民厅。

　　辛亥革命(1911 年)时,改川沙厅为川沙县,直隶江苏省。民国十六年(1927 年),成立上海特别市后,南起杨思北至高桥的沿黄浦江地区划归上海特别市。

1950 年,南汇县北部地区(29 个乡)划入川沙县,此时为上海三区(杨思、洋泾、高桥)2 县(川沙、上海)所管。

1961 年,浦东县撤销建制,其农村地区划归川沙县,并将沿黄浦江边的高庙地区划归杨浦区。

1990 年,中共中央和国务院决策开发浦东。

1992 年 10 月 11 日,国务院批复设立上海市浦东新区,撤销川沙县,浦东新区的行政区域包括原川沙县,上海县的三林乡,黄浦区、南市区、杨浦区的浦东部分。

1993 年 1 月,浦东新区正式成立(党工委和管委会)。

2009 年 5 月,国务院同意撤销上海市南汇区,将其行政区域并入上海市浦东新区。政府驻花木街道世纪大道 2001 号。

二、人文景观及绿化资源

浦东新区约在唐代开始形成陆地,人文社会资源十分丰富,浦东人民与水害斗争的光辉历史"海塘文化"是浦东的文化特征。从宋代至明代,浦东地区以产盐出名,以"盐业文化"为特点。元代的黄道婆从海南带回的纺织工具和技术,农民广植棉花,纺纱织布,繁荣了乡村,还出现庙宇道观,又出现了一些新的城镇,"植棉文化"又成一特色。既有古代文化古迹景观,如太平天国烈士园、杜甫亭、明代古城墙及岳碑亭、永乐御碑、清代宝山城、竹隐庵、城隍庙等,又有近代文化景观,如宋庆龄故居、黄炎培故居、张闻天故居、高桥烈士园等。可通过整理、挖掘、修复、开发使之成为具有新区特色的都市文化风貌景点,并体现未来的旅游景观。

新区有古树名木 135 株,其中一级保护 14 株(300 年以上),二级保护 91 株(100—300 年),三级保护 30 株(80—100 年)。树木共有 20 种,其中银杏 44 株、榉树 23 株、瓜子黄杨 13 株、广玉兰 12 株、桂花 11 株,其他树种包括白皮松、梓树、国槐、石楠等 32 株,树龄最大的是位于洋泾街道南公园内的一株千年珍稀古银杏,它们都是历史的见证和活的文物,是中国和世界的文化遗产,是浦东城市发展中的无价之宝。每棵古树名木都可以成为珍贵的自然景观与人文景观融为一体的景点,通过有计划、因地制宜地以古树为中心设计大小不同贵的绿地,对游人进行爱国爱浦东的教育和普及植物学知识。

三、浦东新区绿化发展与浦西绿化的关系

浦东新区是上海城市发展的后期重新规划的新城区,城市的基础建设大部分都是从零开始,具有发展绿地的条件和基础。浦西则因历史的原因,城市发展畸形,表现在绿地少、分布不合理。当今,浦东新区在环境建设上应坚持世界第一流水平,以绿色植物材料进行绿色生态工程,大幅度改善生态环境,发挥最大限度的生态效益。浦东新区的绿地建设和浦西绿地建设可互相促进,相辅相成。浦东凭借新区绿地系统的生态效益,对浦西可发挥其调节和改善城市生态环境的功能。浦东可以充分发挥浦西城市绿化建设早、经验足的优势,充分利用浦西几十年来积累和培养的科技人员和技术力量。

四、国外园林绿化情况

英国重视绿化,自然配置绿地乔灌花草,公共绿地的栽植模式和植物选取接近自然、本土,注重原生态保持(Monique Mosser and Georges Teyssot,1991),保护湿地和高原植被,英国国内如伦敦、爱丁堡、剑桥、牛津等大部分城市绿化率都在40%以上。

美国绿化总面积达25万平方千米,偏重自然景观保护(高洪深,2010),有庞大的国家公园(自然保护区)体系(樊万选等,2014),是世界上国家公园和自然保护区数量最多、面积最大的国家之一(Norman T. Newton,1971)。

澳大利亚水源丰富,绿化植物生命力强,绿化有自然、田园的特色。

波兰的首都华沙,全市共有绿地面积1.2万平方百米,约占城市总面积的27%,人约占有77.7平方米。

新西兰首都惠灵顿,有郊外公园47个,儿童公园86个,还有植物园、动物园及世界著名的植物博物馆,人均公园面积38.8平方米。

俄罗斯首都莫斯科有11个天然森林公园、84个市区公园、720个街道公园、100个街心公园,占地3 500平方百米,占市区总面积的40%。

五、国内及浦东园林绿化的发展现状

中国有“世界园林之母”之称(蔡宗德和李文芬,2013),2 500多年前就有

了园林的雏形(郭风平等,2012),其古代园林有顺其自然的特点。近年来,人民生活水平不断提高,对生活环境质量的要求也越来越高,城市绿化美化工作引起了各级政府的高度重视,在绿化上的投资加大,园林绿化工程量迅速增长,迎来园林绿化建设的高潮。为确保施工质量、提高工程品质和资金利用率,监理机制的实施成为必然。

园林绿化工程是通过各种各色树木、花卉、草坪的栽植与搭配,利用苗木的特殊功能,在景观小品、植物配置、古典建筑等方面以艺术手法表达(郭风平和方建斌,2015),从而营造优美的城市景观、丰富的文化内涵的特殊建设工程;其涉及面广、内容多样化、复杂化,与土木、建筑、市政、亮化及其他建设部门协同作业多,涉及美学、艺术、文学等相关领域,成为维持城市良好生态环境的关键支撑和维持城市可持续发展的重要基础设施(陈友华和赵民,2011),还发挥了改善大气碳氧平衡、降温、增湿、隔音、滞尘等生态效益。

上海将围绕 2035 城市发展目标,不断提升城市景观品质,推进"绿化、彩化、珍贵化、效益化"的"四化"建设。至 2020 年形成技术体系,储备苗木,建设苗圃,建成一批"四化"示范试点;至 2025 年建成布局合理、品种丰富、管养精细、技术先进的绿化系统,打造"上海花城"雏形;至 2035 年形成林景结合、廊园交织、秋色烂漫的自然风光,建成与卓越的全球城市相匹配的"上海花城"。

浦东绿化发展具有起点低,绿化发展规模大、速度惊人的特点。1990 年,浦东新区正式成立并宣布对外开放,浦东从上海一个普通的郊县一夜之间成为全国改革开放的和经济发展的新龙头。绿化发展也随之开始了翻天覆地的变化,发展速度惊人。1993 年新区成立之初,绿地总量 328.15 公顷,公共绿地 256 公顷,人均公共绿地仅 0.54 平方米,绿化覆盖率 8.41%,远远低于上海市的平均水平。新区成立以后,绿地建设每年保持快速增长,特别是 1999 年 10 月浦东成功创建国家园林城区之后,新区的绿化以此为新的起点,提出了更高的目标和要求。结合新区第一轮的环保三年行动计划的实施,其建设规模、发展速度目前均在上海全市中遥遥领先,新区"绿肺、绿轴、绿环、绿网"的框架已初具雏形。

第二章　课题评估基本流程和评价结论

　　绿化施工资质审批制度改革不是也不可能是一个短期的任务,而应该是一个国家和政府长远的方向。而我们现在的资质审批制度改革处在什么阶段? 这是我们评估所要解决的一个主要问题。根据评估目的和要求,本次第三方评估工作拟采用文献研究、专题访谈、实地调研、(抽样)问卷调查、专家咨询等方法,根据评估要素体系指标内涵要求,在不同的工作阶段选取适当的方式收集相关信息、归纳基本情况,并对收集的信息资料进行分析汇总。

一、评估维度

　　本次调查从认知、关注、实践、评价和期待等五个角度入手。
　　认知。描述受访者对绿化施工资质审批制度改革的认识和知晓状态。只有当其真正知晓并认同改革时,才能自觉参与资质审批制度改革实践并身体力行地推进资质审批制度改革。因此,"认知"是立法后评估意识中最为基础的部分。
　　关注。表明受访者对资质审批制度改革的集中注意点和主要关心面。由于其准确反映受访者对改革的主流性思想和倾向性意向,因此,"关注"不仅是受访者支持资质审批制度改革的动态标识,而且是人民政府实践事中事后监管的信息参照。
　　实践。证明受访者参与资质审批制度改革的主动意识和自觉程度。因为其既是运作和发展资质审批制度改革的主体动力,又是社会产生新的资质审批制度改革需求的源泉,因此,"实践"是资质审批制度改革中最活跃的要素。
　　评价。反映受访者对资质审批制度改革的价值评判。这种评判折射出受访者的价值理念和判断能力,因此,"评价"是衡量资质审批制度改革进展效果的重要标准。
　　期待。透视出受访者对资质审批制度改革未来状态或应然状态的期望和等待。这种"期待"不仅预示着人们的理想和追求,而且掣肘法治客体的发展方向和轨迹,因此,"期待"是行政执法意识培育中可资测量的信心指数和完善法治的意识资源。

以上五个方面的意识内容是衡量资质审批制度改革意识链上互相联系、缺一不可的节点。其中"认知"和"实践"主要体现受访者对资质审批制度改革的实际水平,而"关注""评价"和"期待"则在反映主体自身意识的同时,侧重表明社会客体在主体意识中的再现和抽象以及资质审批制度改革运作与实践主体的互动效应。

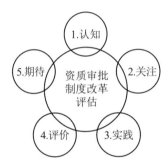

图 2-1　资质审批制度改革评估的基本维度

二、评估基本原则

本课题构建了上海市浦东新区绿化施工资质审批制度改革相关法律制度评价指标体系,并对浦东绿化施工资质审批制度进行了客观的测量,不仅是各类理论研究的前提条件,也可以从中发现浦东绿化施工资质审批制度的强势和弱势之处。经过三轮评估组"设计—修改"指标体系过程,以及两轮专家论证指标体系过程,最终形成《上海市浦东新区绿化施工资质审批制度改革相关法律制度评价指标体系》,本评估指标体系设计的要点是:

科学性。指标体系一定要建立在科学基础上,能充分反映系统的内在机制,指标的物理意义必须明确,测算方法标准,统计计算方法规范,具体指标能够反映可持续发展的含义和目标的实现程度,这样才能保证评价方法的科学性、评价结果的真实性和客观性。

全面性。指标体系应全面涵盖评估要素,并在指标体系中得到反映,从而被评价系统的主要特征和状况都能反映和测度。这就要求指标的度量简单明了,容易理解,数据容易掌握,最好能利用现有的统计资料,同时,计算方法应容易掌握。

层次性。在全面性满足的基础上,还要注重层次性,要体现各子系统相互
协调的动态变化和发展趋势。浦东绿化施工资质审批制度工作评价是由各层
次中复杂程度、作用程度不一的功能团所构成的,因此选择指标也具有层次
性。高层次指标是低一层次指标的综合并指导低一层次指标的建设;低层次
指标是高层次指标的分解和建立基础。

动态性。浦东绿化施工资质审批制度工作评价是一个评价的目标,又是
一个建设的过程,在一定时期应保持相对的稳定性,这就决定了指标体系应具
有动态性。动态指标综合反映浦东绿化施工资质审批制度的现状特点和未来
的发展趋势。

三、评估步骤

(一) 文献研究

由课题组检索目前已经出台的《国务院关于促进建筑业健康发展的意见》
(国办发〔2017〕19 号)、《住房城乡建设部关于印发工程质量安全提升行动方案
的通知》(建质〔2017〕57 号)、《六个双政府综合监管规范》(上海市浦东新区标准
DB31-115/Z 003-2019)、《上海市工程质量安全提升行动工作方案》(沪建质安
〔2017〕374 号)、《上海市园林绿化建设市场改革试点工作方案》《关于进一步规范
园林绿化建设工程管理的通知》(沪绿容规〔2017〕3 号)、《上海市浦东新区公园管
理处 2017 年工作总结及 2018 年工作计划》《上海市园林绿化工程质量安全提升
行动实施方案》(沪绿容〔2017〕378 号)、《上海市建筑市场信用信息管理办法》《上
海市绿化和市容管理局大调研记录表》等,并结合国内外相关理论研究文献,对
照评估内容和评估指标体系进行专项分析研究,提出相应的评估意见或建议。

(二) 专题访谈

专题访谈由课题组委派专人进行,采取面对面交流的形式。访谈的对象
主要包括两类:第一类群体是绿化施工资质审批管理者,由于这些成员对本系
统实施的绿化施工资质审批改革有较为深刻的了解,对绿化施工资质审批改
革的宣传、推动和落实工作中取得的成绩、存在的不足和问题有切身的体悟和
感受,对这类群体进行访谈可以获得较为全面和系统的信息资料;第二类群体
是绿化施工资质审批的对象,课题组访谈上海花绿园绿化建设有限公司等一
定数量的企业,这些企业从改革的对象角度,对绿化施工资质审批改革工作中

存在的问题和不足有着较为独特的视角。通过对这两类群体进行访谈，可以相互弥补各自视角的不足，从而更为全面地获悉第一手资料。

(三) 问卷调查

课题组一方面多次走访专家和实务人员，了解现实当中亟须解决的相关问题；另一方面向监管单位和相关企业发放问卷，从面上了解当前试点改革的情况，其中在监管部门系统共收集调查问卷 25 份、园林绿化企业共收集调查问卷 214 份，具体信息如下。

1. 监管部门问卷

在园林绿化系统工作的专业人士是第一类调查对象。这一群体是直接参与了绿化施工资质审批制度改革，是园林绿化改革的实际工作者，是公共法律产品的提供者。他们对绿化施工资质审批制度改革的真实状况、内在规律和潜在问题有着较为深刻的认识和体验，对浦东绿化施工资质审批制度改革现状能够作出比较专业的评价。当然，在评估与自己工作相关的事项时，则难以摆脱"自我评价"的局限。这部分共有问卷 25 份。本研究运用 SPSS 统计软件对模型中各类型受访群体进行描述性分析，样本数据来源与分布特征参见表 2-1。

表 2-1　浦东园林绿化监管部门调查样本构成

类别	基本指标	频数	百分比(%)	类别	基本指标	频数	百分比(%)
所在的单位	市绿化管理机关	10	40	主要工作职责	现场检查、调查、约谈、处罚等现场执法类工作	2	8
	市绿化管理事业单位	2	8		其他，请注明	5	20
	浦东绿化管理机关	5	20	从事绿化行业的工作年限	1 年及以下	2	8
	浦东绿化管理事业单位	8	32		1—5 年	4	16
	市政府派出管委会	0	0		6—10 年	9	36
主要工作职责	政策调研、制定政策等政策类工作	6	24		11—15 年	3	12
	窗口受理、行政审批、市场监管等管理类工作	12	48		15 年以上	7	28

2. 园林绿化企业问卷

对于绿化施工资质审批制度改革而言，"时代是出卷人，政府是答卷人，人民是阅卷人""春江水暖鸭先知""企业是经济发展的国王"。广大企业是绿化

表 2-2　浦东园林绿化企业调查样本构成

类别	基本指标	频数	百分比（％）	类别	基本指标	频数	百分比（％）
所在公司	建设单位/代建单位	0	0.0	从事园林绿化工程行业年限	5 年以下	9	10.1
	绿化施工单位	73	82.0		5—10 年	13	14.6
	总承包单位	10	11.2		10—20 年	29	32.6
	监理单位	0	0.0		20 年以上	38	42.7
	设计单位	2	2.2	公司原本级别	一级	42	47.2
					二级	27	30.3
	其他	4	4.5		三级	13	14.6
单位性质	国有	56	62.9		尚未进入园林绿化行业	7	7.9
	民营	32	36.0	公司所处阶段	准备进入园林绿化工程领域，对园林绿化工程领域比较感兴趣	4	4.5
	外资	0	0.0		已进入园林绿化工程领域，可以承担简单的小型工程项目	13	14.6
	港澳台资	0	0.0				
	合资	0	0.0		在园林绿化工程市场较为活跃，可承担中型的工程项目	27	30.3
	其他	1	1.1		已在部分地区建立区域总部，可承担大型的工程项目	45	50.6
企业规模	50 人以下	14	15.7	与企业关联密切	准入环节（如办证许可等）	96	26.9
	50—100 人	20	22.5		市场监管（如日常监管招投标）	38	10.6
	100—200 人	14	15.7		现场监督（如质量安全）	75	21.0
	200 人以上	41	46.1		行政指导（如咨询服务等）	43	12.0
人员技术职称	初级	12	13.5		违法处罚	31	8.7
	中级	26	29.2		信用监管	18	5.0
	高级	51	57.3		其他	56	15.7

施工资质审批制度改革的主要对象。法律法规对不同的社会关系进行调整、干预和规范,对千千万万的企业产生不同的影响,所以企业对绿化施工资质审批制度改革的状态有直观的判断和感受,他们或者作为基层改革的参与者,或者作为行政管理的相对人,或者作为诉讼的当事人,或者作为普通的观察者,体验和感受绿化施工资质审批制度实施,最终形成自己的判断。企业对于绿化施工资质审批制度存在的问题和解决的措施也有不同的认识和想法。收集和归纳这些信息对于推进改革工作无疑具有积极意义。此外,企业不但对绿化施工资质审批制度改革的实际状况和问题有切身的认识,而且还对绿化施工资质审批制度改革的"产品提供"有自己的需求。评估者应当了解和掌握这种需要,使绿化施工资质审批制度改革更加符合企业的需要。基于这样的理由,园林绿化企业是本次调查的基本对象。当然,大部分企业缺乏法律理论和绿化施工资质审批制度的专业知识,而且每个个体的体验和感受是零散的、感性的,所得出的判断也存在表象性和片面性的局限。这部分共有问卷 89 份。

表 2-3 参与本次调查问卷园林绿化企业名单(部分)

序号	企 业 名 称	联 系 地 址
1	上海花绿园绿化建设有限公司	浦东新区科农路 825 号
2	上海浦东东道园综合养护有限公司	浦东新区川周公路 8737 号
3	上海春沁生态园林建设股份有限公司	浦东新区龙东大道 30001 号楼 B 区 503 室
4	上海加缘园林绿化工程有限公司	浦东新区张江镇科农路 925 号
5	上海浦林城建工程有限公司	浦东新区东明路 1276 号
6	上海大景绿化工程有限公司	浦东新区峨山路 613 号 D 座
7	上海保利茂佳园林绿化有限公司	浦东新区张杨路 828 号(华都大厦)25 楼 F 座
8	上海浦东环园综合养护有限公司	浦东新区张江镇华益路 255 号 2 幢
9	上海申迪园林投资建设有限公司	浦东新区申迪东路 399 弄 187 号
10	上海通昌园林市政有限公司	浦东新区杨高北路 4705 弄 28 号
11	上海陆家嘴市政绿化管理服务有限公司	锦浦东新区锦绣路 3215 号
12	上海浦东公路养护建设有限公司	浦东新区航津路 316 号
13	上海浦东新区国道园林工程有限公司	浦东新区秀浦路 3188 弄 E-62 号 3 楼
14	上海为林绿化景观有限公司	浦东新区杜鹃路 133 号

续表

序号	企 业 名 称	联 系 地 址
15	上海浦东城市建设实业发展有限公司	浦东万德路 52 弄 38 号
16	上海东外滩园林市政有限公司	浦东新区东泰林路 789 号
17	上海浦东新区东宝市政实业有限公司	浦东新区沂林路 76 号
18	上海东广建设工程有限公司	浦东新区三林路 868 号 A 座三楼
19	上海帝景园林绿化工程有限公司	浦东新区张江路 1238 号 1 号楼 11 层 E 座
20	上海金桥市政建设发展有限公司	浦东新区长岛路 521 号
21	上海浦东新区天佑市政有限公司	浦东新区御熙路 500 号
22	上海金开市政工程有限公司	浦东新区杨高中路 1993 号
23	上海山恒生态科技股份有限公司	浦东新区新园路 998 号
24	上海联明新和建筑工程有限公司	浦东新区曹路镇金海路 3288 号
25	上海航九建设发展有限公司	浦东新区航头镇航鹤路 1950 弄 81 号
26	上海林锡绿化工程有限公司	浦东新区上南路 4208 号
27	上海东恒环境绿化养护有限公司	浦东新区新园路 998 号
28	上海东郊市政绿化有限公司	浦东新区唐丰路 358 号
29	上海浦东新区三林城乡建设发展有限公司	浦东新区三林镇上南路 4208 号
30	上海景翊园林科技有限公司	浦东新区沪南路 2419 弄 30 号 701 室
31	上海浦沅建设发展有限公司	浦东新区金桥路 1398 号金台大厦 1106—1107 室
32	上海东川市政绿化养护有限公司	浦东新区川沙新镇新春村新春路 22 号 101 室
33	上海华夏公园管理有限公司	浦东新区华夏东路 185 号西大门
34	上海国宏市政绿化工程有限公司	浦东新区张衡路 1000 弄 17 号
35	上海景达绿化有限公司	浦东新区高东镇龙跃路 769 号
36	上海爱香园林绿化有限公司	浦东新区泵站公路 26 号
37	上海云乐园林绿化工程有限公司	浦东新区东大公路 5388 弄 A 座
38	上海钰景园林股份有限公司	浦东新区沪南公路 2575 号 5 楼
39	上海舍真景观工程有限公司	浦东新区三林路 88 弄 1B307 室

序号	企业名称	联系地址
40	上海为绿景观建设有限公司	浦东新区惠南镇东城花苑二村 114 号
41	上海富梅园林绿化有限公司	浦东新区御北路 618 号东楼 2101 室
42	上海洪泽保洁养护有限公司	浦东新区临港新城塘下公路 3825 号
43	上海园林生物技术有限公司	浦东新区昌里东路 80 弄 34 号 1 楼
44	上海琢境生态景观设计工程有限公司	浦东新区上丰路 633 号 10 幢 1 层
45	上海浦东路桥绿化工程有限公司	浦东新区金海路 1701 号
46	上海天汇建设工程有限公司	浦东新区张江镇哈雷路 816 号
47	上海星绿建筑园林工程有限公司	浦东新区世纪大道 2001 号
48	上海浦东三行市政综合养护有限公司	浦东新区归昌路 1 号
49	上海盛工园林集团有限公司	浦东新区川沙镇华夏三路 555 号 3 号楼
50	上海浦东高南建设工程有限公司	浦东新区浦东北路 3223 号
51	广东如春园林有限公司	浦东新区王港镇丽雅路 129 弄 2 号
52	上海内航公路综合养护有限公司	浦东新区川沙新镇新川路 11 弄 1 号
53	上海市地江建设工程有限公司	浦东新区毕升路 299 弄 11 号 6 楼
54	上海慈林实业有限公司	浦东新区金高路 2216 弄 35 号 3 幢 416 室
55	上海浦发综合养护(集团)有限公司	浦东新区大川公路 2613 号
56	上海扬航水陆综合养护有限公司	浦东新区东陆路 1350 弄 64 号
57	上海明通园林绿化工程有限公司	浦东新区惠南镇丹海路 1 号
58	上海浦江排筏综合养护合作公司	浦东新区崂山路 645 弄 3-1 号
59	上海宏南市政设施养护有限公司	浦东新区惠南镇城南路 199 号
60	上海强生园林工程有限公司	浦东新区龙东大道 3166 号
61	上海东嘉园林养护有限公司	浦东新区川沙路 7695 号
62	上海强兴绿化有限公司	浦东新区唐镇新前路 1315 号
63	上海市张江高科技园区综合发展有限公司	浦东新区张江路 39 号
64	上海天桐园林有限公司	浦东新区新金桥路 1088 号 1214 室
65	上海中建东孚园林绿化有限公司	浦东新区新金桥路 1599 号东方万国企业中心 B2 座 10 楼

续表

序号	企　业　名　称	联　系　地　址
66	上海国茵企业发展有限公司	浦东新区浙桥路 289 号 2 号楼 501
67	上海中星联合咨询有限公司	浦东新区高科西路 524 号 3 楼
68	上海民泰园林绿化有限公司	浦东新区杨新东路 190 号
69	上海皓绿园林景观工程有限公司	浦东新区华夏东路 185 号
70	中国建筑第八工程局有限公司	浦东新区世纪大道 1568 号 27 层
71	江苏世邦建设有限公司	浦东新区泰谷路 18 号 910、911 室
72	上海裴泽建设工程有限公司	浦东新区惠南镇城南路 1 号
73	上海新畅园林市政建筑工程有限公司	浦东新区浦建路 1578 弄 11 号
74	上海惠浦工程检测有限公司	浦东新区康桥东路 568 号
75	上海诚云建设工程质量检测有限公司	浦东新区莲溪路 1288 号
76	上海繁兴建筑装潢工程有限公司	浦东新区惠南镇钦公塘路 509 弄 91 号
77	上海柳春实业有限公司	浦东新区五星路 707 弄 20 号
78	上海意扬绿化有限公司	浦东新区惠南镇靖海南路 666 弄 144 号
79	上海华业建设集团有限公司	浦东新区灵岩南路 295 号 8 号楼
80	上海新发展园林建设有限公司	浦东新区英伦路 313 号
81	浙江易之园林股份有限公司	浦东新区秀浦路 802 弄 6 号
82	上海浦东都灵园艺有限公司	浦东新区张江镇三灶路 1450 弄 85 号
83	上海新世纪绿化建设有限公司	浦东新区华夏东路 185 号
84	苏州趣雅园林发展有限公司	浦东新区镇南祝公路 2466 号（盐北路 1 号）三楼 A 室
85	杭州钱塘博艺园林绿化工程有限公司	浦东新区浦建路 888 路
86	上海金桥建设监理有限公司	浦东新区金藏路 258 号 5 号楼 303 室
87	上海广域建筑装饰工程有限公司	浦东新区三林路
88	上海本邦建设工程有限公司	浦东新区惠南镇城南路 1059 弄 11 号
89	上海申轩工程咨询有限公司	浦东新区东方路 3539 号 7 号楼 302 室

3. 调查问卷的不足

限于水平和时间,本次问卷调查主要存在以下三个方面的不足。

第一,问卷的提问方式与浦东绿化施工资质审批制度改革不完全匹配。此次调查名为"上海市浦东新区园林绿化施工工程市场监管和现场监督评估调查问卷(企业版)/(监管部门)",意在探明浦东绿化施工资质审批制度改革当下的真实水平,但问卷设计的着眼点在于受访群体对改革的满意度。我们知道,制度变革有其自身的发展规律,属于客观事物的范畴,立法后状况作为一种价值导向不可能被绝对地量化,这就决定了要将内涵丰富的法治目标转化为可测量的、标准化的指标总是无法尽如人意的。因此,制度变革满意度调查可能与真实的法治水平存在一定的偏差。对此,我们只能通过不断的实践和改进将遗憾降到最小的程度。

第二,问卷问题的设计与绿化施工资质审批制度改革不完全相互对应。绿化施工资质审批制度改革指标的设计本身就是一项很有挑战性的工作,真正理解和掌握园林绿化施工资质的内在要求及其运作规律的难度较大,这就决定了其评价指标具有多层次、多界面、多角度特点,对于这些纷繁复杂,性质、权重迥异的指标,无法通过几个或若干个问卷题目予以匹配和呼应。

第三,绿化施工资质审批制度改革客观数据难以悉数准确获取。一般而言,作为法治建设评价依据的参考数据来自两个方面:一是与绿化施工资质审批制度相关的官方的各项法律数据;二是社会调查问卷所得数据。通过设置客观指标和主观指标两部分指标系统,以综合组成绿化施工资质审批改革评估的指标体系。但受制于公开数据不足和信息获取上的困难,我们不得不放弃一些本来可以更好地反映资质审批成效的客观指标。因此,本次评估全部采用受访群体满意度调查的方式,其中部分指标只反映了被评估者"做了什么"而不能完全反映其"做得怎么样"。为加以弥补这一不足,尽可能全面、深入、客观地评估浦东绿化施工资质审批的各个方面和发展程度,我们在本次调查中同时对监管部门管理者和园林绿化企业这两类受访群体开展了问卷调查,试图了解不同主体对这一监管方式转变的不同感受,并通过统计结果比较分析,分析提炼浦东绿化施工资质审批的深层次问题。这也同时说明,相关部门信息公开的水平还需要进一步提高。

第四,本次园林绿化企业调查问卷是通过上海市园林绿化行业协会开展的,从调查问卷受访群体来看,主要集中于拥有较多高级技术职称的绿化施工国有企业。尽管我们也鼓励更多的民营企业加入我们的问卷调查,但从实际效果来看,效果不是很明显。或者说民营企业不太愿意加入行业协会,或者即使加入行业协会,也是一个默默的潜水者,尽管有一些意见想要表达,但这类企业不太愿意公开表达自己的想法,或者参加类似的问卷活动。如何让更多类型的企业加入到我们的问卷和实地研究过程中来,不断激发、激活其参与欲和表达欲,将自身对改革的真实想法充分地表达出来,是今后需要努力之处。

　　但总体而言,89 家具有如图 2-2 六大特征的企业,还是在很大程度上能够体现和折射经历过前后不同管理体制改革的市场主体感受度。我们发现,表达意愿较为强烈的这类企业从本质上而言,对资质管理改革的变动具有更为强烈的感受,他们对改革过程中所遭遇的痛点、难点,以及需要管理职能部门统筹各方力量加以推进改革比民营小微企业有更为深刻的感受,从这个角度而言,与其全部听取各类过于杂乱的不同声音,不如屏息静气专心聆听对改革有更深感受的企业意见,将有限的资源放在最需要破解的改革短板之处,这是获取真实信息的一个切入点。当然,我们要实现片面的深刻——聆听某一类群体的重点意见的同时,必须对各种类型的企业均有所涉及,从这个角度而言,我们也应对其他类型标签企业意见积极吸纳和争取。更为重要的是,这六大类型标签是环环相扣的,比如第一个标签为"从业时间在 20 年以上",我们理解为,绿容绿化行业尽管发展很快,但从业时间在 20 年以上的企业应该是国有企业,民营企业的量不会很大,因此对应的第六个标签就呼之欲出了——"国有企业"为主,同时有国有企业的规模在我国的总体结构性分布而言,人数体量都比较大,这与我们社会主义国家中国有经济的主导地位密不可分。因此第二个标签——"员工数量在 200 人以上"与随着而来,具有一定的经济基础,又有一定的人力保障的第三个标签——"原来多具备一级资质"的画像水到渠成。因此,上述六个标签是相辅相成、一脉相承,其自身具有一定的发展脉络和连接主线。这对于我们深入研究资质改革对企业影响具有非常重要的价值和意义。

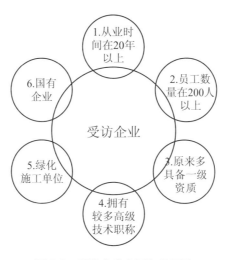

图 2-2　受访企业主要标签画像

(四) 专家咨询

课题组将前期各阶段调研基本情况和基础数据运用 SPSS 软件进行梳理、分析,根据收集的文献资料、访谈和实地调查获取的资料、问卷调查资料形成报告初稿,由课题组邀请行政法领域的理论学者和实践者采取座谈会、论证会或个别访谈等形式,针对报告初稿提出专家咨询意见。

(五) 形成评估报告

课题组综合分析前期调研形成的各项成果,评估报告,最终形成正式评估报告。

四、评估对象分析

浦东绿化市场中的经营主体,经过调研,呈现出以下几个基本特征:

(一) 企业所有制成分中以国有制为主

参与本次问卷调查的浦东正常开展绿化工程项目的企业有 89 家,其中国有企业占据 62.9%,民营企业占 36.0%。规模在"50 人以下"的小企业数量相对较少,但所占比重也达到 15.7%;规模在"50—100 人"和"100—200 人"的中型企业分别占比 22.5%、15.7%;规模在"200 人以上"的大型企业数量最多,占比达到 46.1%。这一方面反映了目前浦东绿化施工企业的所有制组成情况:"国有企业"仍占据主导地位,"民营企业"正在不断壮大并广泛参与市场竞争,园林绿化工程市场竞争较为充分、发展较为均衡的现状;另一方面,也要求监管部门必须区分不同规模企业适用不同的管理模式,合理调配监管资源。

(二) 企业整体水平较高

本市园林绿化工程行业的发展水平较高,业内单位普遍较为规范,调整取消资质管理要求并不会影响行业规范程度。其中,原属于"一级"资质的 42 家,占比为 47.2%;原属于"二级"资质的 27 家,占比为 30.3%,原属于"三级"资质 13 家,占比 14.6%,另有 7.9%在资质管理调整取消之前"尚未进入园林绿化行业"。这反映出,本市园林绿化工程行业的发展水平较高,业内单位普遍较为规范,调整取消资质管理要求并不会影响行业规范程度。另外,企业的人员技术职称普遍较高,拥有初级职称的有 12 家,占比为 13.5%;拥有中级职称的有 26 家,占比为 29.2%;拥有高级职称的有 51 家,占比为 57.3%。这充分体现出园林绿化工程市场专业性高、技术性强的特征,也反映出从业人员是否具备较高专业技术水平是园林行业能否实现高质量发展的关键。

调研发现,不仅受访企业的整体水平较高,同时受访企业对园林绿化工程的市场监管和现场监督方式的改革较为了解,对改革目标是逐步建立"起统一开放、竞争有序、诚信守法、监管适度的园林绿化建设市场体系"的熟悉程度较高。

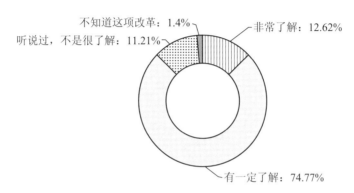

不知道这项改革:1.4%
听说过,不是很了解:11.21%
非常了解:12.62%
有一定了解:74.77%

图 2-3 受访企业对园林绿化工程的市场监管和现场监督方式改革的熟悉度分布

参与本次问卷调查的企业人员,普遍都对本市园林绿化工程的市场监管和现场监督方式的改革和改革目标"有一定了解"(占比 74.77%),11.21% 的企业表示"听说过改革,但不是很了解",只有 1.4% 的企业表示"不知道这项改革",表明本市园林绿化工程的市场监管和现场监督方式的改革已经形成了良好效应。但是,对改革"非常了解"的企业也并不多,占比只有 12.62%,说明改革还需进一步加强宣传,扩大改革举措的受益覆盖面。

(三) 行业发展较为稳定,基础较好

本市大多企业都长期从事该行业,对相关监管要求较熟悉,能够对监管制度改革的需求和成效提出较为准确的意见建议。根据调研,从所在公司性质上看,绿化施工单位有 73 家,占比为 82.0%,总承包单位有 10 家,占比为 11.2%。另外,受访企业从事园林绿化工程行业的年限普遍较长,从业"20 年以上"的 38 家,占比 42.7%,从业"10—20 年"的 29 家,也占到了 32.6%,从业"5—10 年"和"5 年以下"分别有 13 家和 9 家,分别占 14.6%、10.1%。这说明,浦东园林绿化工程行业整体较为稳定,基础较好,且大多企业都长期从事该行业,对相关监管要求较熟悉,能够对监管制度改革的需求和成效提出较为准确的意见建议。

从受访企业在园林绿化工程领域发展目前处于阶段来看,"准备进入园林绿化工程领域,对园林绿化工程领域比较感兴趣"有 4 家,占比为 4.5%;"已进入园林绿化工程领域,可以承担简单的小型工程项目"有 15 家,占比为 16.6%,"在园林绿化工程市场较为活跃,可承担中型的工程项目"有 27 家,占比为 30.3%,"已在部分地区建立区域总部,可承担大型的工程项目"有 45 家,占比为 50.6%。这体现出,浦东从事园林绿化工程的企业普遍具备较强的工程建设能力,大多数企业都能够承接大中型工程项目,也充分说明监管部门的监管重点应该放在具体项目的实施过程中,而不是企业的市场准入。

五、改革举措评价

试点改革一年半以来,上海市绿化和市容管理局针对本市的绿化企业的特点,采取的主要措施主要有以下几个方面:

(一)建章立制,使改革试点有法可循

根据《国务院办公厅关于促进建筑业持续发展的意见》等文件精神,市绿化和市容管理局经过充分调研,及时与市住建委沟通协调,结合原有资质管理标准和本市现有企业人员的现状,以委、局联合发文的规范性文件《关于进一步规范本市园林绿化建设工程管理的通知》(以下简称《通知》),为试点工作提供了规范性的依据和支撑。以《通知》为依据,由资质作为准入条件改为施工项目管理人员为准入条件,同时建立人员考核发证制度,实行持证上岗。及时调整招投标监管要点,修订园林绿化工程勘察、设计、施工、监理招投标示范文本,规范了项目承发包管理。起草了《上海市园林绿化工程质量安全提升行动实施方案》,修订《园林绿化工程施工质量验收规范》《上海市园林绿化工程施工现场安质监操作手册》,确保建设工程施工安全质量。修订了《上海市在沪园林绿化企业信用评价管理暂行办法》和《上海市在沪园林绿化企业信用评价标准》,进一步规范建设市场,建立健全企业诚信机制。以上各类法规与标准完善与修订,保证了本市园林绿化工程建设市场不断不乱,平稳有序。

调研发现,问及"您认为浦东园林绿化工程的市场监管和现场监督方式实施过程是否规范?"参与本次问卷调查的企业,普遍认为本市园林绿化工程的

市场监管和现场监督方式实施过程较为规范。其中,61.21％的受访者认为实施过程"符合规范,秉公办理",35.98％的受访者认为实施过程"基本符合规范"。但与此同时,还有2.34％的受访者认为实施过程"不符合规范,急需改善",反映出监管部门的执法行为较为规范的情况,已经在提升执法规范化水平方面作出了非常大努力。

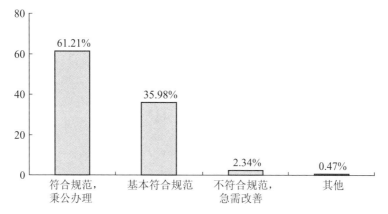

图 2-4 受访企业对浦东园林绿化工程的市场监管和现场监督方式规范度评价

又问及"您在办理浦东园林绿化工程市场监管和现场监督事项过程中,认为有关部门的办事服务指南如何?"参与本次问卷调查的企业人员,对于有关部门的办事服务指南的满意度较高。其中,68.22％的受访者认为"内容非常清楚,很有帮助",23.36％的受访者认为"内容非常清楚,很有帮助"。这充分说明,园林绿化管理机构在窗口建设方面作出了较多的努力,采取了有效的措施,体现出较强的服务意识。

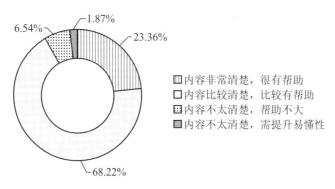

图 2-5 受访企业对园林绿化监管部门的办事服务指南评价

(二) 运用差别化管理方式，开展招投标交易监管试点

在进行园林公共建设工程采购的招投标制度设计时，需要把握好保障公平竞争与控制缔约成本之间的平衡，《中华人民共和国政府采购法实施条例》将公开招标作为政府采购的主要方式，又在《中华人民共和国政府采购法》里原则性地规定了邀请招标、竞争性谈判、单一来源采购、询价等情形，但这种原则的规定无法适应实践中多样性的需求。建议通过细化公共工程采购的条件确定采购适用的程序，如针对工程量和合同金额的大小采取不同的招投标采购方式，若合同的金额高，则投标程序要求也严格；若工程合同的金额低，则合同的缔结可适用相对灵活、成本也较低的程序。因此，应细化我国公共建设工程招投标采购的适用条件，选择适用相对灵活的招标程序，以达到我国政府公共工程招标灵活性、公平性和经济性的政策目标。

根据《上海市建设工程招标投标管理办法》的要求，园林绿化市场交易实行差别化监管方式，根据投资性质分进场交易（政府投资的以及国有企业事业单位使用自有资金且国有资产投资者实际拥有控制权的，达到法定招标规模标准的园林绿化工程）和非进场交易（达到法定招标规模标准的其他园林绿化工程）二类。加强对进场交易招投标活动的事中、事后监管，取消招标文件上网前置审核环节，代理单位自行审核直接上网发布公告，强化招标文件上网后事中、事后监管延伸（政府投资的项目100％抽查，国有投资的项目抽查比例为30％）。强化对招投标活动事中、事后监管，开展事后抽查工作。运用差别化的管理模式，突出监管重点，使社会性投资的项目具有更大自主选择权。

对于工程量小于500万元的项目，根据市里的要求，浦东新区园林绿化工程管理部门采取简化办法即一般情况下首次监督在工程建设方网上信息报送后，提交书面材料时，要求把相关的材料一并送来监管部门，查看人员到位情况和相关的制度制订情况，同时与网上信息进行比对，对于相符合的，则告知可以进行下一步工作；同样的过程监督，浦东新区园林绿化工程管理部门采取双随机的办法进行抽查，对抽到的项目到现场进行监督。现场监督主要是查人员的到位情况、各项制度的落实情况，现场的安全、质量情况，对于涉及质量保证资料的我们也要检查，如果发现有违反规定和标准的，则提出整改要求，整改后进行复查；竣工验收监督，我们要去现场，同样要检查人员到位情况、制度的落实情况、工程的安全质量情况和工程资料的期权和有效情况以及是否完成了施工合同和设计文件约定的内容，有一项不符则评定为竣工验收要求没达到。

对于大于 500 万元工程量的项目,浦东新区园林绿化工程管理部门首次监督是要去工程现场开首次监督会议的,在会上要检查施工单位的安质保体系建立的情况,同时提出监管部门对这个项目的监督要求。过程监督也是要去现场的,检查的内容跟随机查到项目去现场检查一样;竣工验收监督跟前述一样。

每次去现场监督的人员,不是指定的人员,而是在我们工作的系统里人员库中随机抽取分配的,也就是说一个项目随机抽到后,去检查的人员也是随机抽取分配的,不是一个项目一直由某两个人检查。并且,每次现场检查后要把检查情况上传到系统里。这样做法保证了检查的公正性、客观性、一致性,同时在制度上也减少了廉政风险。

在竣工验收合格后,浦东新区园林绿化工程管理部门去现场的监督人员,除了要把现场检查记录输入系统,也要制作竣工的质量小结,质量小结在网上经科长审核、分管领导审定后,最后才出安全质量监督报告。至此,一个项目的安全质量监督完成。建设单位在拿到监督报告后,就可以去做由绿化行政主管部门检查的竣工验收了。

浦东新区园林绿化工程管理部门在做竣工验收监督以后,出监督报告的时效掌握得比较好,一般是在竣工验收合格后最多一到两天就可以给建设单位了,大多数情况是一天时间,建设单位就可以拿到浦东新区园林绿化工程管理部门出具的监督报告。为了达到这个效果,浦东新区园林绿化工程管理部门在竣工验收前,要求施工单位把需要检查和收取的资料,提前交到浦东新区园林绿化工程管理部门,由监督人员进行现行检查,如果有缺漏,也有时间去完备。这样等到竣工验收时,资料这块基本没啥问题了。这样竣工验收合格后就可以立即着手在系统里操作了,且监督报告是自动形成的。这样就大大缩短了办事时间,提高了办事效率。

调研发现,就园林绿化工程市场监管和现场监督管理而言,受访企业认为关联密切的两项内容分别是"市场监管(如日常监管招投标)"(86.45%企业选择)和"信用监管"(65.89%企业选择),认为关系较为密切的分别是"现场监督"(如质量安全)(49.53%企业选择)、"准入环节(如办证许可等)"(44.86%企业选择)、"行政指导(如咨询服务等)"(企业 36.92%选择)、"违法处罚"(20.56%企业选择)以及"其他"内容(2.34%企业选择)。本题结果反映了企业对于构建优质市场环境的主要需求,值得监管部门在调整监管重点和优化监管举措时认真考虑。

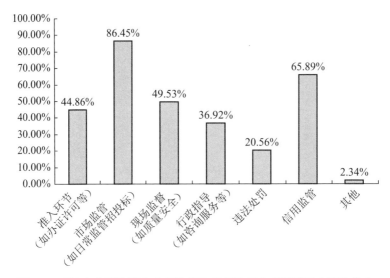

图 2-6　受访企业评价浦东市场监管和现场监督方式改革重心聚焦分布

　　问及园林绿化政府监管人员,"市园林绿化工程市场监管和现场监督改革以来,您认为监管部门监管力度整体而言怎么样"时,参与本次问卷调查的监管部门人员,都认为监管部门监管力度整体上得到了提高,与其他问题的调查结果相互印证。受访的 25 人中,有 16 人认为"略有提高",9 人认为"显著提高"。但也需要注意到,认为"略有提高"的有 16 人,说明监管力度有了很大程度的提高,改革力度是逐步加强的。

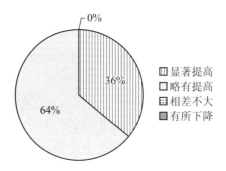

图 2-7　受访监管人员对监管部门整体监管力度评价

　　问及园林绿化政府监管人员,"据您了解,绿化施工资质取消审批制度改革后,以下哪些方面的监管力度加大了"时,参与本次问卷调查的监管部门人员,普遍认为绿化施工资质取消审批制度改革后,各方面的监管力度都有所加大。其中,有 22 人认为"园林绿化建设市场综合信息(企业、人员及项目)数据库建设"方面的监管力度有所加大,有 20 人认为"园林绿化工程建设信用体系建设"方面的监管力度有所加大,有 16 人认为"制定完善园林绿化工程项目相关人员动态管理办法"方面的监管力度有所加大,有 15 人认为"强化工程项目施工现场监督管理"和"强化园林绿化市场监管资源整合"方面的监管力度有所加大,有 14 人认为"调整对不同主体投资项目的监管重点"方面的监管力度有所加大。这也说明,园林绿化监管部门为稳步推进绿化施工资质取消审批制度改革做了很多努力,加大了各个环节的监管力度,较好地实现了改革的初衷和目的。

图 2-8　受访监管人员对园林绿化监管需哪些环节加大监管力度评价

问及"您认为,在市场监管方面,以下哪些措施更有针对性"时,参与本次问卷调查的监管部门人员,普遍认为市场监管方面的各项举措都比较具有针对性,每一项都有超过半数的人选择。其中,认为最有针对性的措施是"严格控制从业人员资质专业要求,加强已获资质专业技术和相关专业的人员的培训"以及"严格人员在绿化工程项目中到岗管理的制度落实",分别有 21 人和 20 人选择。这反映出,监管部门对于从业人员的专业性和规范性的关注度最

图 2-9　受访监管人员对园林绿化监管措施的针对性评价

高。另外,认为"严格人员或者企业的业绩要求,开展项目应与其原有业绩相近"最有针对性的人数最少,说明大家对于业绩结果本身并不十分关注,而更关注实现业绩的过程是否规范。

(三)完善修订企业信用评价体系,扩大诚信结果的运用

2015 年 11 月 3 日,市绿化和市容管理局已制定了《上海市在沪园林绿化企业信用评价管理暂行办法》和《上海市在沪园林绿化企业信用评价标准》(2015 版),探索对在沪园林绿化企业信用进行评价和信用评价结果在交易过程中的使用,目前应用也已扩展到本市的林业工程和园林绿化养护项目,取得了良好的效果。目前已至 2 年使用期满,结合城市园林绿化企业资质取消和园林绿化建设市场改革的新要求,对原有评分内容组成和分值设置进行评估,对不合理内容和数值进行调整。增加事中、事后监管的内容及分值设置,加大对行政处罚(处理)和其他违法违规行为及企业获得奖励的次数占比分值,鼓励企业创优争先的良好的经营行为,对违法违规的企业加大惩戒力度,建立严重失信名单制度,直至限止进入本市园林绿化建设市场。目前已经完成《上海市在沪园林绿化企业信用评价管理暂行办法》和《上海市在沪园林绿化企业信用评价标准》修订工作,该文件已报上海市住建委统一颁布实施。

(四)搭建"综合信息服务平台",进一步提高信息化服务管理水平

对园林绿化工程业务受理、工程交易、质量监督、执法稽查等多个业务系统无法实现数据实时交互的现状,积极应对国家行政审批改革管理新要求,从 2017 年开始进行园林绿化建设市场"综合信息服务平台"建设。平台配套 4 个数据库,即企业库、人员库、诚信库和项目库。四库互联互通,以身份可以查人员,以单位可以查人员,以人员可以查单位。作用是解决数据多头采集、重复录入、真实性核实、项目数据缺失、诚信信息难以采集、"市场与现场"两场无法联动等问题,保证数据的全面性、真实性、关联性和动态性,全面实现本市园林绿化建设市场"数据一个库、监管一张网、管理一条线"的信息化监管目标。建成后的"综合信息服务平台"实现了线上线下二合一,质量监督报监系统、安全质量标准化系统、数字化工地系统、竣工验收系统四合一,实现了项目"一网式"办理,行业数据单独存储分析,凸显园林绿化工程行业特色,真正做到了格式统一、内容规范、过程留痕、职责明确。

此外,在市级和区级联动上,市绿化市容局行政审批系统与工程站的管理

信息系统通过改造,于 2018 年 8 月 22 日正式上线,完成了数据对接共享,这样市、区各绿化管理部门和工程站通过各自审批管理系统,能即时获取对方的审批报告,完成项目审批,消除了过去服务相对人为办理同一项目的不同审批事项而反复提交相同纸质材料的弊病,方便于民、服务于民。

在调研中,问及"您认为本市园林绿化工程市场监管和现场监督改革后,政府行政执法管理哪些工作得到了加强",参与本次问卷调查的企业人员,认为本市园林绿化工程市场监管和现场监督改革后,政府行政执法管理过程中改进最大的是"企业指导和信用监管方面"的工作(76.17%企业选择)。对于"营造公平有序的市场环境方面"工作,认可度也较高,有 48.13%企业选择。"市场准入(证照办理)方面"和"投诉、举报处置方面"的认可度相对较低,分别只有 29.44%和 14.95%的企业选择。这说明,监管部门的工作很多地方有明显改进,特别是企业指导和信用监管方面。

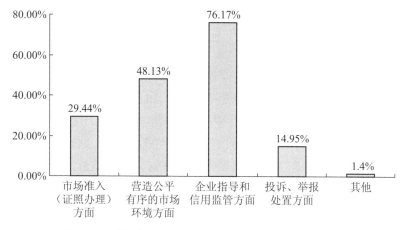

图 2-10　受访者对园林绿化行政执法管理的满意度评价

又问及"本市园林绿化工程市场监管和现场监督改革后,您认为行政执法管理部门在信用监管方面哪些地方亟待完善",参与本次问卷调查的企业人员,普遍认为行政执法管理部门在信用监管方面还有多个地方亟待完善。其中,"失信惩戒进一步加强,失信人员、企业可以被排除在市场之外"(占比 75.23%)和"信用预警、评价更加完善"(占比 74.3%)两项是企业最为关注的地方,也是下一步深化改革过程中要重点解决的问题。另外,还有不少企业认为"企业信息公示力度加大"(占比 44.39%)也有待完善。

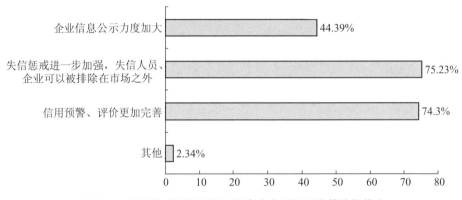

图 2-11　受访者对园林绿化工程事中事后信用监管的期待度

（五）着力"事中、事后"监管，开展现场监督的试点工作

该项工作主要包括：①强化人员管理。建立项目管理机构人员持证上岗制度，实行考核发证制度。加强对施工项目现场关键岗位人员的到岗履职抽检，强化对施工现场人员的管理，真正实现从管资质向管人员的转变。②推行差别化监管。推行复杂工程分类监督，以复杂工程委托第三方购买服务的形式，对本市重点工程项目开展重点监管，凸显了重点项目重点监督的差异化管理理念，同时解决了我局直属工程管理站人员、市政建筑工程技术力量不足的矛盾。③注重示范引领。结合市住建委要求，制定了《上海市园林绿化工程文明工地创建评选实施细则》，组织园林绿化项目考核评选，并结合安全月与质量月系列活动，开展文明工地样板观摩和园林绿化工程质量通病防治专项活动，发挥样板工地示范引领作用。

调研中，问及"园林绿化工程市场监管和现场监督改革以来，您认为本市园林绿化工程执法部门对绿化企业、建设单位事中事后监管的力度如何"，参与本次问卷调查的企业人员还是以积极评价为主的。其中，认为"监管效能提升"的占比 57.01％；认为"监管频率提高"的占比 24.77％。但也有 14.02％的企业认为事中事后监管力度"没有明显变化"，有 2.8％的企业甚至认为事中事后监管力度"有所下降"。这反映出，企业普遍认为，执法部门的监管效能和监管频率有了较大的提升，事中事后监管力度得到进一步加强。

又问及"在园林绿化工程市场监管和现场监督过程中，您对各行政管理单位数据交换的及时性、延续性、正确性的有效衔接是否满意"，参与本次问卷调查的企业人员，普遍对于各行政管理单位数据交换的及时性、延续性、正确性

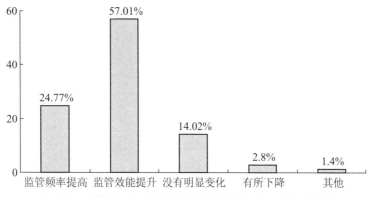

图 2-12　受访企业对园林绿化管理部门事中事后监管评价

的有效衔接较为满意。其中,64.02％的企业认为"较满意",14.95％的企业认为"非常满意"。另外,也有 18.69％的企业认为"一般",1.4％的企业"较不满意",有 0.93％的企业"非常不满意"。

　　而参与本次问卷调查的监管部门人员,则认为各行政管理单位数据交换的及时性、延续性、正确性的有效衔接整体满意度较好。有 13 人表示"较满意",有 2 人表示"非常满意"。但同时,也有 8 人表示衔接情况"一般"。这说明在园林绿化工程市场监管和现场监督过程中,各行政管理单位加强沟通协调,高度重视存在的问题,及时整改,通过运用更有效的手段改善数据交换效能,加强了不同行政管理单位之间的协调沟通,在数据交换统筹协调取得了较大成绩。

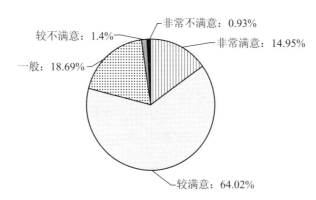

图 2-13　受访企业对各行政管理单位数据交换及时性、延续性、正确性评价

(六) 推进"一门式"受理,进一步提升窗口受理综合服务能级

完善"一门式"受理服务平台建设,依托"综合信息服务平台",加强工作衔

接,稳妥推进窗口受理与相关部门业务资料的网上流转。建立完善窗口受理首问责任制、一次性告知承诺、限时办结制、顶岗补位制等受理服务制度,提高窗口受理服务水平。以优化营商环境为契机,进一步优化办理流程,程序再造,依托互联网、大数据,通过减环节、减材料、减时间,实现"让数据多跑路,让群众少跑腿"。坚持以问题为导向,为企业提供更好的服务,切实提升窗口服务效能。

同时,为深化建筑业审批制度改革,自2018年9月1日起,上海市园林绿化工程竣工验收备案实行电子证书备案制。电子证书及其打印件可作为办理相关行政许可手续的提交材料,不再核发纸质《建设工程竣工验收备案证书》。在8月1日开始实行,对进入建设工程招标投标交易场所进行施工、监理招投标的投标文件精简工作。充分利用数据库信息,减轻投标企业负土壤检测功能上线现已正式加入,施工单位线上提交委托书给检测单位,无须再线下递交;由检测单位线上填报检测数据自动生成检测结果,检测结果流转到竣工材料验收环节,无须再提交纸质土壤检测报告。

在调研中,问及"您是否知道与园林绿化工程市场监管和现场监督相关的投诉、举报制度和处理机制",参与本次问卷调查的企业人员,普遍对于与园林绿化工程市场监管和现场监督相关的投诉、举报制度、处理机制了解程度不高。有49.53%的受访者认为了解程度为"一般",有7.94%的受访者表示"不太清楚",还有1.87%的受访者表示"很不清楚"。可见,监管部门进一步加强了对相关投诉、举报制度、处理机制的宣传,有效提升了公众知悉度。

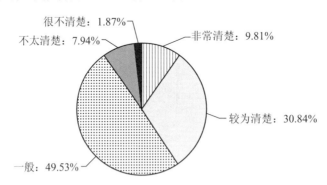

图2-14 受访企业对政府监管相关投诉、举报制度和处理机制的评价

六、改革成效评价

经过一年半的试点改革,上海市目前绿化市场改革已经初步取得成效:

(一)园林绿化建设市场企业获得感明显提升

浦东绿化和市容管理局从三个方面加快绿化领域内的放管服改革:(1)通过园林绿化工程改革试点工作,对招投标项目的招标文件不再进行事前审核,改为由代理机构自行审核并直接上网发布招标公告,监管部门进行事中(后)监管,缩短了招投标时间;(2)取消市场资质准入门槛,放宽市场准入,强化事中事后监管,真正达到市场选择的效果;(3)以优化营商环境为契机,通过优化办理流程,程序再造,企业办理事项的环节、材料、时间明显减少,真正做到了为企业减负。相关措施获得了不少企业的认可。

调研发现,在关于"到目前为止,您如何评价浦东园林绿化工程市场监管和现场监督改革"的评价中,参与本次问卷调查的企业人员,普遍都很认可本市园林绿化工程市场监管和现场监督改革,9.35%的企业认为改革"很成功,充分体现了制度设计初衷,减轻企业负担,有利于企业的持续长远发展",69.16%的企业认为"改革进展顺利,效果基本符合预期,但实际操作中有所不足"。但也有12.62%的企业认为,"优化整合效果不明显,对企业没有实质影响,改革前后变化不明显",值得监管部门重点关注。但是,还有1.87%的企业认为,改革"不好,还不如不改革,监管措施太松,诚信者反而吃亏";3.74%的企业认为,改革"不好,还不如不改革,现在监管措施趋于严格,影响市场活力"。另外有3.27%表示"不清楚该项改革"。这一结果表明,改革在推进过程中还存在许多不足之处,特别是对于如何平衡加强有效监管和减轻企业负担之间的关系,还需采取更多有效措施。

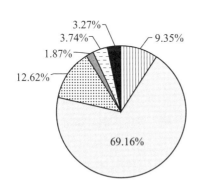

3.27%
3.74%
1.87%
12.62%
9.35%
69.16%

□ 很成功,充分体现了制度设计初衷,减轻企业负担,有利于企业的持续长远发展
□ 改革进展顺利,效果基本符合预期,但实际操作中有所不足
▦ 优化整合效果不明显,对企业没有实质影响,改革前后变化不明显
▨ 不好,还不如不改革,监管措施太松,诚信者反而吃亏
□ 不好,还不如不改革,现在监管措施趋于严格,影响市场活力
■ 不清楚该项改革

图 2-15 受访者对浦东园林绿化工程市场监管和现场监督改革的评价

在关于"您认为本市园林绿化工程市场监管和现场监督方式改革会产生的重要影响"的评价中,80%的企业认为改革目前比较顺利,相关制度实践能

够体现改革的初衷,减少企业的负担,有利于企业的长期发展。69.16％的企业认为,改革目前比较顺利,虽然还存在一些问题,但是能够基本符合改革预期。企业对改革前景比较乐观,70.09％的市场主体认为企业将会在更公平、合理的基础上展开竞争,61.21％的企业认为"唯资质论"的传统观念受到严重冲击,新的市场主体综合竞争能力评价标准正在形成。这反映出,公平、合理竞争环境的营造和维护是企业最为关注的,也应当成为监管制度改革的主要方向。

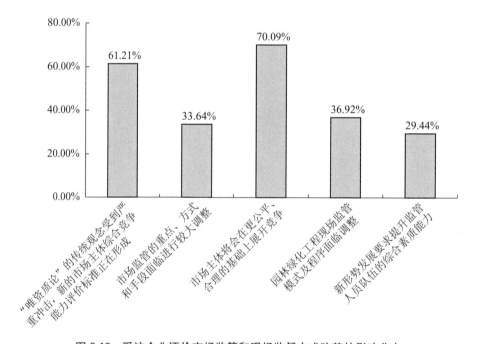

图 2-16 受访企业评价市场监管和现场监督方式改革的影响分布

园林绿化监管人员同样对于本次市场监管和现场监督改革同样持有较高的评价。在问及"对于此项改革,您认为其执行情况如何"时,参与本次问卷调查的监管部门人员的认可度同样普遍较高。受访的 25 人中,14 人认为执行情况"较好",6 人认为执行情况"非常好"。这也说明,监管部门内部对于此项改革的推动力度较大,大家执行改革措施的积极性也较高。但也有 3 人认为执行情况"一般",还有 1 人认为执行情况"不太好",这也反映出,此项改革尽管仍然存在短板和不足,但已经得到了绝对多数监管人员的肯定性认可。

在问及"您认为绿化施工资质审批制度改革的主要优势有哪些"时,参与本次问卷调查的监管部门人员,普遍认为绿化施工资质审批制度改革具备的优势较多。其中,有分别有 20 人认为主要优势在于"统一开放市场逐步形成"以及"市场准入更加便利,开放竞争有序格局加快构建";分别有 16 人认为主要优势在于"资源优化整合,监管效能更高,监管理念、方法进一步创新"以及"企业诚信守法意识显著增强";另外有 10 人认为主要优势在于"高风险、重难点、薄弱环节监管得到加强"。这充分说明,监管部门自身也认为园林绿化行业的市场环境较为规范,且认识到绿化施工资质审批制度改革的时机已经成熟,具有很大的必要性和紧迫性。

在问及"您认为绿化施工资质审批制度改革的主要受益者是谁"时,参与本次问卷调查的监管部门人员普遍认为绿化施工资质审批制度改革改革的主要受益者是行业内的各类企业。其中,认为"建设单位"是主要受益者的有 22 人,认为"绿化企业"是主要受益者的有 19 人,认为"第三方企业(如代办企业等)"是主要受益者的有 9 人。但另一方面,大家对于政府和市民在此项改革中的受益情况则并不满意。只有 6 人认为主要受益者是"地方政府",分别只有 4 人认为主要受益者是"一线工作人员"和"广大市民"。可见,建设单位和绿化企业是这一改革的重要受益者。

(二)市场串标围标和出借企业证书的现象得到明显遏制

实行"施工单位拟派的施工现场项目管理机构"作为园林绿化市场准入条件和施工现场项目管理机构人员核查的有机结合,从管理手段和企业违法违规的成本上,促使企业间减少串标围标和出借企业证书,从而该现象得到明显的遏制。

对于设计单位而言:(1)降低了挂靠现象;(2)降低一人多项目,业余项目影响主业项目的负面效应;(3)现行设计收费定额尽管还是 2002 年的标准,已不适用于现代园林景观设计行业,对于这一问题,改革根据当前风景园林设计发展趋势和设计师收入水平,正在制定与时俱进的设计收费标准;(4)政府对于景观设计运用创新技术和环保材料方面进一步完善审图要求,提升图纸质量;设计增加节能环保和可持续性。

对于施工单位而言:(1)降低了非专业单位和人员挂靠;(2)减少了围标、串标;(3)遏制了现场偷工减料;(4)避免挂靠单位安全管理混乱,导致施工质量差,安全事故多的现象。

对于建设单位而言:(1)使得低价中标策略害人害己的危害性逐步被认

知,政府正在筹备建立恶意低价中标警示黑名单制度;(2)建设单位尤其是部分地产开发商长期拖欠设计费或工程款,设计和施工单位是弱势群体,政府正在给予必要的保护和维权支持;(3)不合理的投标保证金和履约保证金大量占用施工单位的现金流,影响企业运营,政府正在研究推广使用银行保函和信用证方式担保方式,降低企业负担,营造更好的营商环境。

在调研中,受访者还被问及"在现有监管方式改变后,您认为政府监管措施应当出现哪些变化",选择"从审核企业是否具备与相关资质标准相一致的要素监管转向了对企业在市场中从事经营活动的过程监管"占比为52.34%,选择"从企业开展市场经营活动前的资质准入监管,转向了企业市场行为、人员职业(执业)资格和经营活动成果的规范性、合法性和安全性监管"占比为79.44%,选择"监管部门加强了对从业单位和人员的培训和指导"占比为54.67%,选择"监管手段充分运用了大数据、互联网等方式进一步加快信息化、数字化发展进程"占比为44.39%,选择"其他"占比为1.87%。充分反映出,企业对于监管方式改革是比较支持的,也乐于看到监管措施的变化。

(三)政府监管人员与企业的诚信经营和人才培养得到高度重视

本市园林绿化企业的从业人员的培训和考核始于2003年,2003年至2016年上海市从业人员的培训和考核人数近4 000人次,2017年度培训考核各类人员共计4 057人次,近二年的培训和考核人数超过了历年培训考核总数。2017年起上海市加强了执法力度,2017年首次突破了对招投标的串标围标零案件,查处串标围标立案20项,净化了上海市园林绿化建设市场环境,促使企业的诚信经营和人才培养得到了重视,促进了本市园林绿化工程质量和安全的提高。

整体而言,对于现有监管方式改变后,企业最希望出现变化的政府监管措施是"从企业开展市场经营活动前的资质准入监管,转向企业市场行为、人员职业(执业)资格和经营活动成果的规范性、合法性和安全性监管"。另外,企业对其他监管措施出现变化的期待也都较大。这充分反映出,企业对于监管方式改革是比较支持的,也乐于看到监管措施的变化。

在调研中,问及"对于园林绿化从业人员,您认为应当具备哪些基本资质条件",参与本次问卷调查的企业,普遍认为"有园林绿化或相关领域的从业经验"(93.93%企业选择)是园林绿化从业人员最需要具备的基本资质条件,这也反映出园林绿化行业对于工作经验的重视,企业更愿意招收已在本行业有经验的员工。其次,"具有园林绿化的专业教育背景"(64.95％)和"用记录良好"(60.75％)也较为重要。另外,还有32.24％的受访者认为从业人员需"具备初中以上的文化水平"的基本资质,这也一定程度上说明,园林绿化行业更不强调从业者的学历,而是更加关注从业者的经验。

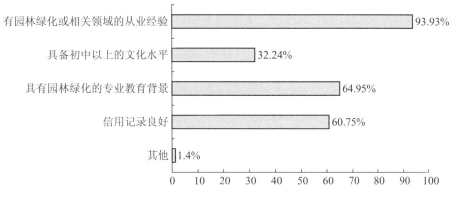

图 2-17 受访企业对园林绿化从业人员基本资质条件评价

调研中,在被问及"浦东园林绿化工程市场监管和现场监督改革以来,您个人有哪些变化?"时,参与本次问卷调查的监管部门人员,普遍认为本市园林绿化工程市场监管和现场监督改革以来,自己在许多方面都发生了变化。其中,觉得"工作思路、方法更加优化"的有16人,觉得"工作压力加大"的有15人,觉得"学会了新的业务,监管能力提高"的有14人,仅有4人觉得"没什么变化"。这充分体现出,改革对于监管部门自身建设的加强具有重要意义。但与此同时,单位也要采取适当手段舒缓工作人员的压力,提升队伍活力。

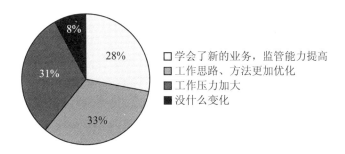

图 2-18 受访监管人员认为园林绿化工程市场监管和现场监督改革对自身影响

问及"您在工作中遇到的实际困难有哪些"时,参与本次问卷调查的监管部门人员,如实反馈了工作中所遇到的实际困难。其中,最大的困难在于"业务技能不足,需要有针对性的培训与带教",共有 20 人选择了这一选项。这表明,在改革过程中需要配套开展更多有针对性的培训。此外,"临时性工作、会议等太多,需要局、处、站层面优化工作安排"有 16 人选择,"外出检查过程中,就餐、交通等不便,需要加以考虑"有 11 人选择,"工作没有动力,效率不高,需要有效的激励机制"有 7 人选择。上述结果也说明,工作人员遇到的实际困难具有共性,需要予以认真对待并加以解决。

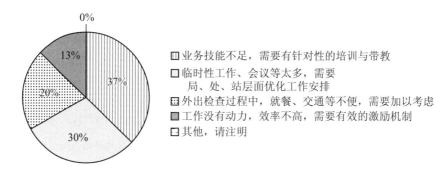

图 2-19 受访监管人员认为在园林绿化工程资质改革中遇到实际困难分布

第三章　当前市场监管和现场监管体制中存在的主要争议

根据问卷调查的情况和课题组的调研,目前市场监管和现场监管体制中存在的主要争议有以下几个方面:

一、监管部门和企业对人员到场的强制要求认识不一

《上海市园林绿化建设市场改革试点工作方案》中针对园林绿化企业资质认证这一事前监管的措施放松之后,为确保相关企业能够保质保量的顺利完成工程项目,对于工程配备人数提出了要求:(1)单项合同小于 500 万元的工程需要 4 人,项目负责人(具有中级职称以上)1 人,安全员 1 人,质量员 1 人,材料员(取样员)1 人;(2)单项合同介于 500 万和 1 200 万元之间的合同需要 6 人,项目负责人(具有中级职称以上)1 人,技术负责人(具有中级职称以上)1 人,安全员 1 人,质量员 1 人,资料员 1 人,材料员(取样员)1 人;(3)单项合同金额大于 1 200 万的需要 8 人,项目负责人(具有中级职称以上)1 人,技术负责人(具有中级职称以上)1 人,施工员 1 人,安全员 2 人,质量员 1 人,资料员 1 人,材料员(取样员)1 人。在项目工程开始之后,上述项目中的人员即被"锁定",不得参与其他的项目工程建设。

根据上述要求,课题组主要发现两个主要问题:一是目前每一档的人员要求是否合理,是否对企业产生不必要的负担;二是目前以"500 万"和"1 200 万"作为区分合同的标准是否合理。

对于第一个问题,46.73%的企业认为人员强制到场的要求在现有的企业经营条件下,可以通过企业的内部调整和安排实现相关要求。53.27%企业需要在现有条件基础之上通过培训、招录或者优化升级才能满足人员强制到场的要求;有的企业认为,对有的岗位,根据工程规模,对资料员、材料员(取样

员)等人员可以兼任数个项目。此外,对长期在一线经验丰富的技师等,不妨建议借鉴江苏南通做法,替代质量员、施工员相关专业管理人员,或者施工员、质量员替代高级工程师。

对于第二个问题,部分企业在座谈时提出,对大型工程规模的划分标准沿用的是原绿化施工企业资质的要求,鉴于目前建设项目的综合性,其合同额较高,伴随着绿化市场的不断发展,原来设定的 500 万和 1 200 万两个门槛已经不符合当下市场的需求,希望主管部门在划定标准的时候,适当地放宽标准或者书面解读明确要求。在调查问卷环节,53.27% 的企业认为该规定"不太合理,难以操作,需要进一步优化",还有 30.37% 的企业认为该规定"严格实施起来有一定难度,但可以克服",只有 16.36% 的企业觉得"可以按照要求实施"。这充分表明,工程管理人员配备规定在实际执行过程中的有一定的阻力。对此应该如何科学合理看待这个问题,是保证这一制度得以有效实施的关键之所在,对此有必要进行科学合理有效论证,不断优化行业监管制度。

并且这些企业也提出了一些现实问题,课题组对此也进行了认真梳理:

观点一:企业里中标人员被锁定,对于普通员工来说实在是太辛苦,在繁忙的工作中还要去学习课程、考取证书。这让我一个普通员工怎么过。园林行业规范了,基层劳动员工怎么办,该怎么做? 每天起早贪黑,没日没夜地工作,还要去学习,完全没有在乎基层员工的感受。

观点二:随着物价的上涨,小型、中型、大型的标准应该有所提升,本单位原本二级资质,原先的资质人员中只有 1 个高级工程师,绿化工程师 6 个人。并且现在的合同造价普遍已经超过原先资质的上限 1 200 万元,对于 8 个人的配备确实存在困难。

观点三:绿化工程一般施工工期短,若遇到建设单位竣工验收程序问题(例如:几年前的绿化工程项目建设单位拆用地迁进行到一半后中断,项目经理等被系统锁死无法撤出;建设单位绿化审核意见面积与现场施工绿化面积不一致,导致安质监验收不能通过,施工单位项目经理不能从系统撤出等),建议加强对建设单位项目监管力度,确保施工单位弱小群里利益,减轻施工企业日益趋重的人员成本负担。

观点四:项目经理负责制,所以项目经理可以锁定,其他人员有项目经理组织班子。

观点五:改革过于注重在人的数量,关键要强化施工项目实施的标准及规范,专业性水准。

观点六:建议价格区域可以调整为:(1)500 万以下;(2)500 万—2 000 万;(3)2 000 万以上。

观点七:绿化项目有很强的特殊性,不是所有项目都需要配套全套人员,比如单一的种植工程就没有必要配套全职的技术负责人。同时,绿化受场地和季节影响严重,管理人员和施工人员也受此影响,并且人员的需求程度也不同,一刀切的全过程锁定所有人员,不合理也增加企业负担。强烈建议,绿化行业应该有符合行业特色的管理制度,而不是简单地参照,延用。

观点八:绿化施工存在一定的特殊性,大部分项目施工工期较短,本企业也严格按照规范要求执行,但企业目前按照规范要求执行有一定难度,应设置一定的过渡期,使企业能够陆续招聘与培训相关管理人员,否则对企业的成本压力较大。

观点九:500 万、1 200 万是否可以提高?小型项目一个班组是否可以同时做 3 个?除项目经理外,其他人员是否可以兼几个项目?小型、中型项目是不是可以按工程的内容来区分,纯绿化项目的一类,园林小品占一定份额的一类。

对于第一个问题,监管部门认为从全市的整体人员数目(如表 2-4)来看,现有市场上拥有资质的人数可以基本满足人员到场需求,加之仍不断有新的培训人员上岗,并不会对整个行业的发展产生抑制作用。对工程项目因故超过一定期限没有正式开工的园林绿化工程项目,对相关管理和技术人员及时解锁,建立人员解锁的机制。

表 2-4　上海市 2017 年工程项目应有人数与实有人数对比

项目标的	项目数	项目负责人	技术负责人	施工员	安全员	质量员	资料员	材料员(取样员)
1 200 万	183	183	183	183	366	183	183	183
500 万—1 200 万	257	129	129	—	129	129	129	129
500 万以下	808	270	—		270	270		270
合　计	—	582	312	183	765	582	312	582
实有人数	—	2 611	—	951	2 915	1 626	935	1 390

(上图说明:1 200 万以上的合同平均施工周期是一年,同一组工作班子一年只能做一个项目;500 万—1 200 万之间的项目平均施工周期是半年,同一组工作班子一年可以完成两个项目;500 万以下项目平均施工周期四个月,同一组工作班子一年可以完成三个项目)

通过上述表格可以看出,一方面,目前市场内持证的人数能够满足项目施工的要求。同时,另一方面,完成上海本市去年绿化工程量需要 3 318 不同人次。目前市场内实有从业人员是在 5 000 人左右,也基本能够满足需求。

对于第二个问题,监管部门对 2015 年到 2018 年的合同中标价进行统计分析发现,虽然这几年绿化市场有了比较稳定的增长,各区段内的合同数都有提高,但是总体各区段内合同数量比例相对比较稳定,没有出现各区段比例失调的情况,也没有发现行业发展状况有较大变化的情形,因此从现阶段来看,不需要予以调整。

表 2-5　2015 年 1 月—2018 年 7 月政府投资项目合同中标价分布

（单位:百万）

标价	0—2	2—3	3—4	4—5	5—6	6—7	7—8	8—9	9—10	10—11	11—12	12—14	14—16	16—18	18—20	20—
15 年	46	38	54	57	29	19	14	15	22	18		24	10	6	4	40
		149				124							84			
16 年	47	42	30	35	27	23	16	15	10	5	12	17	13	10	7	32
		107				108							79			
17 年	56	42	47	35	32	31	31	17	15	16	16	17	6	5	7	50
		124				158							85			
18 年	20	24	12	9	10	12	6	5	6	3	4	6	5	5	1	11
		45				46							28			

（注:政府投资类的项目在各类项目数中一直保持 1/3 左右的比例值,故以此来判断各个分档的比例变化情况）

调研中,在问及"目前工程管理中,对于小型工程(单项合同额 500 万以下)要求配 4 人;中型工程(单项合同额 500 万—1 200 万)配 6 人;大型工程(单项合同额 1 200 万以上)配 8 人,这项规定的具体实施情况如何?"时,参与本次问卷调查的监管部门人员,对于工程管理人员配备规定的具体实施情况认可度较高。受访的 25 人中。认为实施情况"较好"的有 16 人,认为实施情况"非常好"的有 5 人。但同时,也有 2 人认为实施情况"一般"。这也表明。在日常监管中,加强了对工程管理人员配备情况的监督检查,确保执行到位。

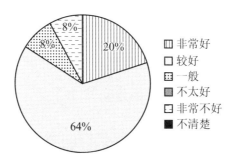

图 2-20 受访监管人员对大中小型园林绿化企业的监管措施实施情况评价

二、对投标时安全生产许可证的必要性存在不同看法

在调研中,有绿化企业提出在参加绿化工程项目投标之前需要持有市建设交通委员会颁发的安全生产许可证。相关企业认为根据相关法律规定绿化施工企业无需取得安全生产许可证。其主要理由在于《安全生产许可证条例》第 2 条第 1 款中规定:"国家对矿山企业、建筑施工企业和危险化学品、烟花爆竹、民用爆炸物品生产企业(以下统称企业)实行安全生产许可制度。"《建筑施工企业安全生产许可证管理规定》第 2 条第 1 款也明确规定:"国家对建筑施工企业实行安全生产许可制度。"第 2 款规定:"建筑施工企业未取得安全生产许可证的,不得从事建筑施工活动。"然而,《建筑施工企业安全生产许可证管理规定》第 3 款规定:"本规定所称建筑施工企业,是指从事土木工程、建筑工程、线路管道和设备安装工程及装修工程的新建、扩建、改建和拆除等有关活动的企业。"从相关立法中来看,绿化工程企业并不属于建筑施工企业,并不需要根据《安全生产许可证条例》和《建筑施工企业安全生产许可证管理规定》申办许可。然而,相关建设主管部门认为《上海市建筑市场管理条例》第 61 条第 1 项目中规定"建设工程,是指土木工程、建筑工程、线路管道和设备安装工程、装修工程、园林绿化工程及修缮工程",从本市的实践中来看,绿化工程项目显然被纳入到建设工程中,相应的管理应当参照建筑类企业管理。

此外,相关企业认为安全生产许可证属于资质类许可,只要根据有关法律规定获得许可即可。然而,相关主管部门认为建筑类项目具有一定的特殊性。在安全生产许可证有效期间内,建筑企业可以承担多个项目,每个项目的具体内容、施工人员以及项目周边情况等都有所不同,对项目的施工是否能达到规定的安全标准需要逐项审查,希望能够将安全生产许可证转变为逐项申办的证件。

三、与相关部门的管理职权有部分交叉

绿化工程管理部门反映在绿化监管中还存在着监管职责需要进一步厘清的问题。这主要体现在施工过程中,在属于绿地规划的地域范围上往往会有小型的建筑工程项目建设。目前在施工过程中,这些小型的建筑工程的建设是由绿化主管部门代为管理的。然而,从法定职责和管理能力两个方面来看,绿化主管部门是否适宜代为监管相关工程项目建设以及管理代为管理何种类型的房建工程,还需要进一步研究讨论。如,究竟以房建工程在工程项目中的造价比重来确定主管部门,还是以工程项目的规划性质来确定。对于绿化工程中的房建工程项目,如何合理进行职责划分,确保其工程安全可控。制度设计过程中应当设计相应的机制以避免职责不清的现象。

在问及"您认为后续园林绿化工程市场监管和现场监督改革最应着力加强哪些方面",参与本次问卷调查的监管部门人员,普遍对于后续园林绿化工

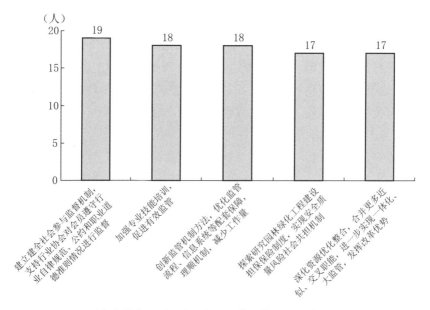

图 2-21 受访监管人员对园林绿化工程管理体制机制的不足进行评价

程市场监管和现场监督改革的推进具有较多的期待。有 19 人认为最应着力"建立健全社会参与监督机制,支持行业协会对会员遵守行业自律规范、公约和职业道德准则情况进行监督",分别有 18 人认为最应着力"加强专业技能培训,促进有效监管"和"创新监管机制方法,优化监管流程、信息系统等配套保障,理顺机制,减少工作量",分别有 17 人认为最应着力"探索研究园林绿化工程建设担保保险制度,实现安全质量风险社会共担机制"和"深化资源优化整合,合并更多近似、交叉职能,进一步实现一体化、大监管,发挥改革优势"。反映出,大家还是更加关注监管制度的优化完善,也说明这只监管队伍本身已经较为成熟稳定、整体素质较高。

四、执法监督机制设置仍需改革

目前,我国工程建设市场自身的成熟度较低、约束机制尚不健全。在现阶段,行政审批制度改革如火如荼,"宽进严管"成为市场主体监管的突出特征,"宽进"已经实现了较大突破,尽管"宽进"意味着政府将事前的准入监管转向事中事后的过程监管,将更多的监管责任转移给市场和社会,由市场来配置资源,但是监管部门对"宽进"后的市场主体,尚未建立有效的"严管"体系,这就需要进一步明确监管对象、监管内容、监管方式、监管工具等。此外,"宽进"的法律制度与市场主体监管的法律制度缺乏有效衔接与良性循环,使得政府监管风险增大。

在市场监管方面,在调研中,相关单位反映,虽然改革之后,围标、串标的现象得以遏制,但是在实际运作过程中,仍然存在围标串标、非专业单位和人员挂靠的现象,对良好的市场秩序产生了负面影响。同时,不合理的投标保证金和履约保证金大量占用施工单位的现金流,影响企业运营。企业希望政府应倡导使用银行保函和信用证方式担保来缓解。

此外,相关企业反映目前的诚信体系建设并不合理,主要体现在以下几个方面:一是,目前的企业诚信体系建设中未能对企业进行分类处理,将中小企业与规模比较大的企业一起管理;二是对不在园林绿化工程招投标平台获取项目、外省市工程施工的项目,目前的企业诚信体系中并没有纳入到考虑的范围之内,对相关企业的信用状况缺乏全面的考察;三是按照园林绿化工程的报建、招投标监管、施工许可、质量安全监督、竣工验收备案等事项办理和日常监管,每个办理环节对"建设用地批准书""规划许可证""建设项目立项批复"等文书,企业需重复提交多份相同材料;四是对大树移植施工提出严格要求:目前采用最低中标方式,造价太低对工程质量有影响。

在施工现场监管方面,有关企业反应,在施工过程中,仍然存在着挂靠单位安全管理混乱的现象,导致施工质量差,安全事故多。执法人员反应的执法过程中的问题主要有:(1)相关监管的法律依据需要进行清理、明确,法律层级仍需提高;(2)监管任务量大面广与监管资源有限存在矛盾,配套保障仍不能与之同步;(3)综合监管与专业监管结合存在困难;(4)干部专业技能不足缺乏行之有效的监管措施;(5)市级、区级监管体制不统一,增加工作复杂性,存在职能交叉、事权模糊的环节。

从这个角度而言,课题组认为目前园林绿化工程市场监管和现场监督尚未形成有效的社会监督体系。目前,政府直接实现对工程建设市场主体的监管,体现在:政府设专门监管机构,监管机构在执行监管职能时,政府使用行政手段处置市场主体的违法违规行为,政府从发现行为、核实行为、处置行为,都是政府亲力亲为。政府作为单一的监管主体,强化监管手段的纯强制性,忽略了市场主体的能动性。这种直接监管的方式不仅使政府监管的效率不高,而且效果较差。工程建设行业内的"暗中操作",最清楚的莫过于利益相关者、社会公众等团体,将舆论、NGO、行业协会等社会力量引入到市场主体的监督中,为政府提供市场主体违法违规行为,政府只需根据提供的问题进行核实,并采取相应措施,这样做可以大大提高政府监管效率,降低了监管成本,然而在我国工程建设市场主体的监管中尚未形成有效的监督体系。

调研中,在被问及"行政执法管理部门发现某企业没有执行相关规范要求,您认为可以如何处理",参与本次问卷调查的企业有不同的意见。多数人认为,应当进行"行业惩戒,充分发挥行业协会的行业自律作用"(占比 68.22%)。其次,51.4%的企业认为,对于"有信用评级,应当记入申请人、被审批人诚信档案,并对行政相对人的诚信档案进行行业的信用综合评价"。而认为应当采取"行政机关责令整改、行政处罚"和进行"社会监督,将监管信息向社会公布,接受社会各方的监督"的企业,分别占比 33.18% 和 30.37%。可见,企业普遍希望通过行业自律和信用管理方式进行市场管理,体现出园林绿化市场运行规范、发展成熟的特征。

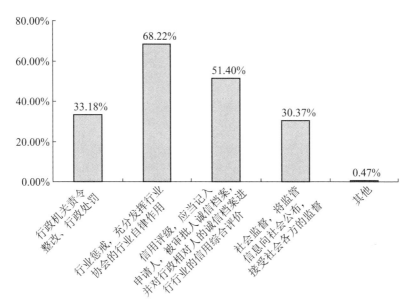

图 2-22　受访企业对企业没有执行相关规范要求的处理诉求

在被问及"您认为浦东园林绿化工程市场监管和现场监督改革面临的主要难点有哪些"时,参与本次问卷调查的监管部门人员,普遍认为本市园林绿化工程市场监管和现场监督改革还面临较多难点需要解决。"转变'唯资质论'的管理理念,亟须形成新的企业评价体系,以形成公平、有序、安全的市场营商环境""监管任务量大面广与监管资源有限存在矛盾,配套保障仍不能与之同步""综合监管与专业监管结合存在困难,干部专业技能不足""相关监管的法律依据需要进行清理、明确,法律层级仍需提高""市级、区级监管体制不统一,增加工作复杂性,存在职能交叉、事权模糊的环节"等 5 项都有超过半数人认为属于改革面临的主要难点,分别有 19 人、19 人、18 人、16 人、13 人选择。而认为"干部工作积极性难以调动""改革的社会认可不足"属于主要难点的只有 8 人和 6 人。这表明,监管部门工作人员和社会大众对于改革的热情都是比较高的,希望参与改革并为改革作出自己的贡献。但与此同时,改革的顶层设计和实施推进还存在不少问题,需要进一步化解系统性矛盾,切实转变理念,及时出台科学合理、行之有效的实施细则。

在问及"本市园林绿化工程监管部门在下一步市场监管和现场监督工作机制的调整中应该怎么做"时,参与本次问卷调查的监管部门人员对应当改进的工作也作出了反馈。大家最为关注的是"加强业务培训、指导",有 23 人选

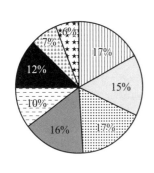

□ 转变"唯资质论"的管理理念，亟须形成新的企业
　评价体系，以形成公平、有序、安全的市场营商环境
□ 相关监管的法律依据需要进行
　清理、明确，法律层级仍需提高
▦ 监管任务量大面广与监管资源有限
　存在矛盾，配套保障仍不能与之同步
▨ 综合监管与专业监管结合存在困难，干部专业技能不足
□ 缺乏行之有效的监管措施
■ 市级、区级监管体制不统一，增加工作
　复杂性，存在职能交叉、事权模糊的环节
▨ 干部工作积极性难以调动
▨ 改革的社会认可不足
▨ 其他，请注明

图 2-23　受访监管人员对园林绿化工程监管改革面临主要难点的评价

择；其次是"加强工作调研和制度、模式创新""强化统筹协调，减少一线负担"，分别有 18 人和 17 人选择。对于"加强委局与站交流、联动"和"着重业务策划、部署"的需求相对较少，分别有 12 人和 10 人选择。这反映出，监管部门人员十分注重自身业务能力和工作效能的提升，有关部门应当在下一步工作中给予更多关注。

第四章 诚信评价制度在绿化工程招投标中应用的研究

一、课题研究背景内容目标

2015年11月，为进一步规范本市园林绿化市场秩序，建立健全园林绿化企业(施工企业)信用评价体系，上海市绿化和市容管理局正式发布《上海市绿化和市容管理局关于印发〈上海市在沪园林绿化企业信用评价管理暂行办法〉的通知》，并发布了《上海市在沪园林绿化企业信用评价管理暂行办法》正文及《上海市在沪园林绿化企业信用评价标准(2015版)》。对在沪园林绿化企业信用评价的基础、评价标准、工作机制、责任归属、信息公开、异议处理等情况进行了规定，使在沪园林绿化企业信用评价有标准、有制度可循，并全面落实新的招标评标办法，应用"信用标"打好了实践基础。信用评价管理暂行办法及信用评价标准发布后，在本市园林绿化招投标过程中全面推行使用企业信用评价结果，投标人的信用状况将直接影响到其参与投标项目的最终评标得分，该举措在打造本市园林绿化市场公平有序的竞争市场和引导企业经营行为自律等方面发挥着十分重要的作用。

2017年4月13日，住建部根据《关于修改和废止部分行政法规的决定》(国令第676号)要求，发布《关于做好取消城市园林绿化企业资质核准行政许可事项相关工作的通知》建办城〔2017〕27号，指出各级住建(园林绿化)主管部门不再受理城市园林绿化企业资质核准的相关申请；要按照国务院推进简政放权、放管结合、优化服务改革的要求，创新城市园林绿化市场管理方式，探索建立健全园林绿化企业信用评价、守信激励、失信惩戒等信用管理制度，维护市场公平竞争秩序，为我国园林绿化市场监管指明了方向。2016年，国务院发布《关于建立完善守信联合激励和失信联合惩戒制度加快推进社会诚信建设的指导意见》，指出要构建政府、社会共同参与的跨地区、跨部门、跨领域的守信联合激励和失信联合惩戒机制,促进市场主体依法诚信经营,维护市场正常秩序。

2017 年,上海在全国率先出台综合性地方信用立法《上海市社会信用条例》,规定行政机关根据信息主体严重失信行为的情况,可以建立严重失信主体名单,严重失信主体将被限制进入相关市场、获得相关荣誉称号等。2017 年 12 月,住建部发布《建筑市场信用管理暂行办法》(建市〔2017〕241 号),对建筑市场各方主体信用信息的认定、采集、交换、公开、评价、使用及监督管理进行了规定。

2018 年 12 月,上海市住建委等 3 部门发布《上海市建筑市场信用信息管理办法》(沪住建规范联〔2018〕8 号),规定了建筑业从业单位及从业人员基本信息、良好信息、不良信息的来源和组成,并规定了信用信息的应用范围包括但不限于建设工程招投标、行政执法、资质资格准入、事中事后监管以及行业评优评先等。特别地,将不良信用信息按照违法违规行为影响程度等,分为"A、B、C"三个级别。现行的《上海市在沪园林绿化企业信用评价管理暂行办法》及《上海市在沪园林绿化企业信用评价标准(2015 年)》在为园林绿化行业信用体系建设发挥积极作用的同时,也存在企业信用评价结果分布不均衡,企业信用分过于集中,守信收益、失信惩戒机制较为单一,守信联合激励和失信联合惩戒不足等问题,无法充分满足行业信用体系建设需要。《上海市在沪园林绿化企业信用评价管理暂行办法》《上海市在沪园林绿化企业信用评价标准(2015 年)》有效期至 2017 年 11 月 30 日,在其有效期即将到期的情形下,亟须结合本市园林绿化市场信用体系建设实践现状情况及国家、上海市关于信用体系建设、园林绿化行业管理规定等,对现行的管理办法和信用评价标准进行修订。

二、在沪园林绿化企业诚信评价制度施行现状

2015 年 11 月,为进一步规范本市园林绿化市场秩序,建立健全园林绿化企业(施工企业)信用评价体系,上海市绿化和市容管理局正式发布《上海市绿化和市容管理局关于印发〈上海市在沪园林绿化企业信用评价管理暂行办法〉的通知》,并发布了《上海市在沪园林绿化企业信用评价管理暂行办法》正文及《上海市在沪园林绿化企业信用评价标准(2015 版)》。对在沪园林绿化企业信用评价的基础、评价标准、工作机制、责任归属、信息公开、异议处理等情况进

行了规定,使在沪园林绿化企业信用评价有标准、有制度可循,并全面落实新的招标评标办法,应用"信用标"打好了实践基础。

(一) 信用信息

在沪园林绿化企业信用信息以信用评价时已录入上海市建设市场管理信息平台和上海市公共信用信息服务平台的信息为依据。信用信息包括:(1)在本市园林绿化活动中产生的信用信息:①施工合同报送信息,类别为园林绿化项目;②建设行政管理部门行政处罚(处理)信息;③园林绿化活动中不良行为:拖欠农民工薪酬(以下简称欠薪)行为信息、园林绿化开工备案未办理而先行施工(以下简称未备案先施工)行为信息;④园林绿化安全生产标准化评价结果。(2)在上海市公共信用信息服务平台中被工商、税务、司法、安监、质监、规土、水务、房管等其他相关管理部门记录的行政处罚(处理)和判决信息。(3)获得奖励的信息。

(二) 评价标准

评价标准由基础分、绿化工程业绩、行政处罚、园林绿化活动中的不良行为、获得奖励、安全生成标准化评价结果共六项组成。

表 2-6 评价标准

序号	评 分 内 容	满分值
1	基础分	35
2	绿化工程业绩(底分 0 分,加分)	20
3	行政处罚(底分 25 分,减分)	25
4	园林绿化活动中的不良行为(底分 10 分,减分)	10
5	获得奖励(底分 0 分,加分)	5
6	安全生产标准化评价结果(底分 0 分,加分)	5

(三) 应用场景

在沪园林绿化企业信用评价结果的应用分为两种:施工公开招标项目评标办法采用简单比价法和经评审的合理低价法的,应当设置信用合格分,合格分值设置为 60 分;采用综合评估法的,应在评标办法中设置信用标,信用标设置 5 分,分值从评价结果折算至信用标的最终得分。

(四) 企业得分分布情况

以 2017 年 8 月 30 日为计分基准日,计算 543 家园林绿化企业信用评价得分。543 家园林绿化企业信用平均得分为 72.64 分(满分 100 分)。

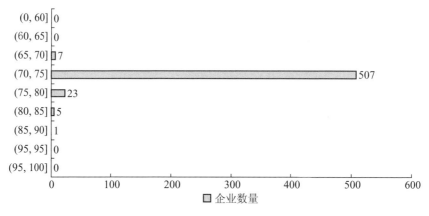

图 2-24 企业信用总分分布情况

1. 工程业绩得分分布

543 家园林绿化企业中,工程业绩指标的平均得分为 0.57,得分率 2.85%。

其中:工程业绩指标得分在(10,15]区间内的企业有 4 家,占比 0.74%;(5,10]区间内的企业有 9 家,占比 1.66%;(0,5]区间内的企业有 237 家,占比 43.65%;得分为 0 的企业有 293 家,占比 53.96%。

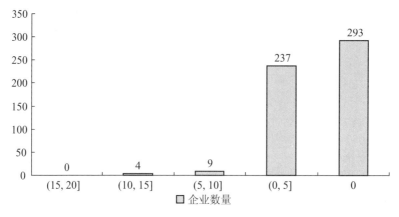

图 2-25 工程业绩指标得分情况

2. 未受到建设行政管理部门行政处罚的得分分布

543 家园林绿化企业中,建设行政管理部门行政处罚指标的平均得分为19.99,得分率 99.95%。建设行政管理部门行政处罚指标得 20 分(即满分)的企业有 528 家,占比 97.24%;得 19 分的企业有 12 家,占比 2.21%;得 18 分的企业有 3 家,占比 0.55%。

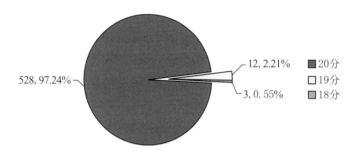

图 2-26　企业建设行政管理部门行政处罚指标得分情况

3. 未受到其他相关管理部门行政处罚的得分分布

543 家园林绿化企业中,其他相关管理部门行政处罚指标得 5 分(即满分)的企业有 539 家,占比 99.26%;获得 4.5 分的企业有 4 家,占比 0.74%。其他相关管理部门行政处罚指标的平均得分趋近于 5,得分率趋近 100%。

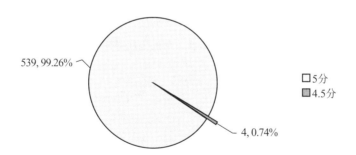

图 2-27　其他相关管理部门行政处罚指标得分情况

4. 奖励得分分布

543 家园林绿化企业中,奖励指标得 4 分的企业有 1 家,占比 0.18%;获得 2 分的企业有 3 家,占比 0.55%;获得 1 分的企业有 7 家,占比 1.29%;获得 0 分的企业有 532 家,占比 97.97%。奖励指标的平均得分为 0.03,得分率 0.6%。

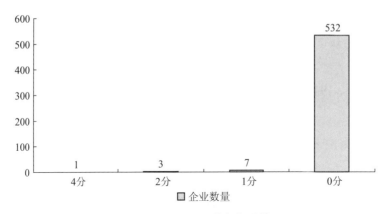

图 2-28　国家级奖项指标得分情况

5. 未拖欠农民工薪酬的得分分布

543 家园林绿化企业中,拖欠农民工薪酬指标得 5 分(即满分)的企业有 543 家,占比 100%。拖欠农民工薪酬指标的平均分为 5,得分率 100%。

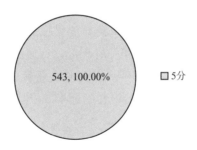

图 2-29　拖欠农民工薪酬指标得分情况

6. 安全生产标准化评价得分分布

543 家园林绿化企业中,安全生产标准化评价指标得 3 分的企业有 64 家,占比 11.79%;获得 2 分的企业有 468 家,占比 86.19%;获得 0 分的企业有 11 家,占比 2.03%。安全生产标准化评价指标的平均得分为 2.08,得分率 41.6%。

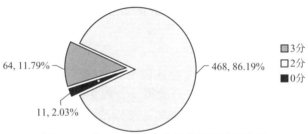

图 2-30　安全生产标准化评价指标得分情况

7. 未出现未备案先施工行为的得分分布

543 家园林绿化企业中,未备案先施工行为指标得 5 分(即满分)的企业有 543 家,占比 100%。未备案先施工行为指标的平均分为 5,得分率 100%。

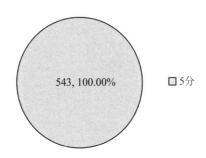

图 2-31　未备案先施工行为指标得分情况

三、在沪园林绿化企业信用评价制度施行过程中存在的问题及分析

(一)信用分过于集中,未有效实现"失信惩戒,守信收益"效果

按照目前在沪园林绿化企业的信用评价标准,所有的园林绿化企业信用分均在 60 分以上,对于采用信用合格分的项目来说,以信用合格分作为阻断不诚信企业的门槛形同虚设。从企业信用总分看,有 93.37% 的企业信用分在 70—75 分之间,企业的信用分过于集中,企业间差距不大。究其原因,目前信用评价标准设置中,基础分有 35 分,每个企业均可获得此项分数。行政处罚(包括建设行政主管部门、其他部门)得分率基本达到 100%,也即基本所有企业均可拿到 25 分满分。园林绿化活动中不良行为(包括拖欠农民工工资、未备案先施工)得分率 100%,所有企业都拿到了 10 分的满分。由此,基本所有企业的信用分都可以在 35+25+10=70 分以上。同时,由于国家级奖项得分率只有 0.60%,工程业绩得分率只有 2.85%,导致绝大多数企业在业绩和奖项两个部门只能拿到 3 分左右,由此 90% 以上的企业,信用分都在 70—75 分之间。企业和企业之间的信用差距不明显,与工程现场的实际情况差别较大。

（二）引入信用标后对中标结果的改变不明显

所有的园林绿化企业信用分均在 60 分以上,对于采用信用合格分的项目来说,以信用合格分作为阻断不诚信企业的门槛形同虚设。对于采用信用标的项目来说,因为信用标只有 5 分,加上企业的信用分过于集中,折合为 5 分的信用分之后,企业信用标之间的差异非常小,几乎不影响中标结果。在调研过程中,选择了 16 个应用信用标的园林绿化项目,应用信用标之后改变中标结果/中标候选人排序的项目仅有 1 个。

任选几个应用信用标的项目,中标候选人的信用分见下所示:

表 2-7　项目中标候选人信用标得分示例

项目名称	工程造价（万元）	中标候选人	信用标得分	信用标差距
五龙湖三期景观绿化工程	1 236.908	上海欧堡利亚园林景观集团有限公司	3.48	0.27
		上海精文绿化艺术发展有限公司	3.47	
		上海为林绿化景观有限公司	3.74	
虹桥镇河滨绿地	1 465.382	上海欧堡利亚园林景观集团有限公司	3.37	0.16
		上海十方生态园林股份有限公司	3.46	
		上海新园林实业有限公司	3.53	
南桥新城中心绿地 A01-08 地块景观工程	1 644.542 3	上海奉贤园林绿化工程有限公司	3.78	0.33
		上海为绿景观建设有限公司	3.745	
		上海园林绿化建设有限公司	4.075	

由上述示例可以看出,在同一个项目中,中标候选人的信用分差别基本都在 0.2 分以内,各企业之间的差异不明显。

四、在沪园林绿化企业诚信评价和应用体系完善建议

根据党中央国务院、上海市对于诚信体系建设的最新要求,以及外省兄弟部门的探索经验,结合在沪园林工程企业的业绩分布提出以下完善建议。

（一）调整完善信用信息内容

建议修改后的信用信息与原 2015 年信用评价暂行办法中的信用信息对

比见下表所示：

表 2-8　信用信息对比表

原信用信息	建议修改后的信用信息	修改原因
—	企业、人员基本信息	反映企业基本情况，但不作为评分依据
工程业绩信息	工程业绩信息	—
建设管理部门行政处罚	建设管理及园林绿化建设管理部门行政处罚	—
园林绿化活动中不良行为	经认定的其他不良行为信息	结合《上海市建筑市场信用信息管理办法》，扩展不良行为信息的采集范围，将企业市场、现场受到行政处理的不良行为全部纳入
安全生产标准化评价	删除"安全生产标准化评价"	将施工现场行政处理全部纳入后，与安全生产标准化评价有所重复，故删除
在上海市公共信用信息服务平台记录的信息	在上海市公共信用信息服务平台记录的信息	扩展上海市公共信用信息服务平台记录的信息范围，将人民法院、检察院的信息纳入
获得的奖励信息	获得与园林绿化工程建设有关的奖项信息	明确仅限园林绿化工程建设有关的奖项

（二）完善黑名单制度

园林公共建设工程承建商动态管理制度是充分利用现代技术手段，对市场主体取得资质，以及后续是否维系相应的资质进行实时监督管理的机制。公共工程承建商资质动态监管的内容是以承建商的市场行为评价为核心，通过评价承建商的资质等级、信用状况、工作业绩、管理机制等指标，依据评价结果做出准入、升级、降级或清退等奖惩措施，是将承建商的市场准入、市场行为和市场退出作为一个整体进行全面联动的管理。这种动态监管的方式最大的特点是改变了以往"重准入的行政许可，轻后续的市场监管"的静态管理模式。市场应该是一个开放的、有活力的体系，市场主体公平自由的参与竞争，而竞争本身是一个优胜劣汰的过程，因此，市场有准入就一定有退出，建筑市场也不例外，尤其是公共建设工程市场更需要动态的监管机制来保障市场的活力和竞争力。

承建商黑名单制度动态管理制度内容包括以下：一是建立"负面清单"，选择园林工程承建商的制度。通过否定排除的方式在负面清单上列举禁入条件，不具有负面清单上所列行为即算合格通过，但合格标准应高于建筑业的一般准入标准。建立政府公共建设工程市场准入的负面清单制度，一方面可以将不达标的承建商拒之门外，达到提高公共工程承建商市场准入门槛的目的；另一方面，也为政府园林公共建设工程提供了技术精湛、业绩优良、信誉度高且综合实力强的承建商的选择对象，达到了最大限度开放园林公共建设工程市场的目的。二是完善承建商的资信审查制度。将园林公共工程承建商市场行为进行动态考核的标准与建筑市场诚信法律制度挂钩，对于有工程欠款或者有任何违约记录的不诚信的行为，应将其列入"黑名单"，并结合建筑市场信用奖惩机制的内容，将列入"黑名单"的承建商退出园林公共建设工程市场且规定一定期限内禁止其承接政府公共工程项目。对于严重失信造成公共工程重大质量安全事故的承建商，剥夺其承揽园林公共建设工程的资质，对其实行一票否决，终生禁止其进入园林公共建设工程市场。三是公开透明的评审标准。园林公共建设工程的属性决定了与其有关的财政资金、公共资源配置、重大建设项目、公共服务等信息均应向公众开放，因此园林公共工程承建商的评审标准和程序应当公开透明。

实践中，《上海市社会信用条例》规定，行政机关根据信息主体严重失信行为的情况，可以建立严重失信主体名单。结合《上海市社会信用条例》、住建部《建筑市场信用管理暂行办法》等规定，考虑上海市园林绿化行业特点，对于存在以下不良行为的在沪园林绿化企业，列入全市园林绿化领域严重失信主体名单并在全市通报：(1)围标、串标和弄虚作假进行投标被有关部门依法查处的；(2)在本市行政区域内的建设活动中，发生重大及以上的建设工程质量安全事故，或一年内发生两起以上(含)较大事故，且经调查认定对事故负有主要责任的；(3)在外省市建设活动中，发生重大、特别重大建设工程质量事故，且经调查认定对事故负有主要责任的；(4)发生工程质量安全事故隐瞒不报的；(5)拖欠农民工薪酬，情节严重并被建设管理部门向社会通告的；(6)有行贿犯罪记录的；(7)被人民法院列入"失信被执行人名单"的；(8)其他依法应当列入严重失信主体名单的行为。根据《上海市社会信用条例》、住建部《建筑市场信用管理暂行办法》规定，对列入严重失信名单的企业实行失信惩戒，包括："严重失信主体名单"管理期限为自被列入名单之日起 1 年，在此期间参与本市政府和国有投资园林绿化工程施工招投标时予以屏蔽。对被列入全市园林绿化建设领域严重失信主体名单的企业,实行限制市场准入、重点监管、增加监管频次等惩戒措施。在实施行政许可等事项时,列为重点审查对象,不适用告知承诺等简化程序。

(三) 完善评价标准

在沪园林绿化企业信用评价分值采取百分制,总分 100 分,按加减分累计分值计算。

1. 基础分值设置 25 分,每个企业直接取得。企业工程业绩设置 30 分,每个企业底分为 0 分。评价信息周期内,单个合同价一百万元(含)以下加 0.1 分;合同价一百万到四百万元(含)加 0.2 分;合同价四百万到八百万(含),加 0.5 分;合同价八百万元到一千两百万元(含)加 1 分;合同价一千两百万到两千万(含)加 1.5 分;合同价两千万元到五千万元(含)加 2 分;合同价五千万元到一亿元(含)加 2.5 分;合同价一亿元以上加 3 分。最高得分为 30 分,企业分包业绩不计算。

2. 行政处罚和其他违法违规行为设置 15 分。根据企业信用评价结果调研情况,有 99% 的企业行政处罚可以拿到 20 分满分,行政处罚反而成为了企业的一个基础加分项。为此,在新的信用评价标准中,将行政处罚和其他违法违规行为分值降为 15 分,同时加大发生单次行政处罚时的扣分力度。评价信息周期内,企业受到本市建设行政管理部门、园林绿化建设行政管理部门行政处罚,未达到听证范围的每次减 2 分,达到听证范围的每次减 4 分。评价信息周期内,企业在上海市公共信用信息服务平台中被其他相关部门记录的行政处罚和违法违规行为,每次减 2 分。累计最多减 15 分。

3. 经认定的其他不良行为设置 20 分,每个企业底分 20 分。原 2015 年版信用评价标准中,园林绿化不良行为设置 10 分,主要包括发生欠薪行为,未备案先施工行为两类。大量施工现场、市场未达到行政处罚标准,但是也受到行政处理的行为未纳入信用评价指标体系,未能全面实现市场、现场的联动。为全面将企业的市场、现场行为与企业的信用挂钩,将经认定的其他不良行为增加至 20 分,并将现场、市场所有行政处理全部纳入。故对经认定的其他不良行为评价修改如下:评价信息时效内,在沪园林绿化施工企业因市场、现场等不良行为,被市建设管理部门、市园林绿化建设管理部门认定为 A 级不良信用信息的,每次减 1 分;被认定为 B 级不良信用信息的,每次减 2 分。累计最多减 20 分。A 级、B 级不良行为认定标准,参照《上海市建筑市场信用信息管理办法》执行。

4. 奖励设置 10 分。在原信用评价标准中,奖励设置 5 分,奖项类别包括鲁班奖、中国风景园林学会优秀园林工程奖(大金奖),以及上海市园林杯优质工程金奖。本次修订时,因"大金奖"不再评定,故将奖项调整为鲁班奖、上海市园林绿化工程文明工地、上海市建设工程"白玉兰奖"以及上海市"园林杯"优质工程金奖。评价信息时效内每获一项国家级园林绿化工程建设奖项加 2分,每获得一项上海市级园林绿化工程建设奖项加 1 分。累计最高得分10 分。

(四) 完善评价方式及评价结果

在沪园林绿化企业信用评价采用计算机自动评价方式。评价计算频率为每天一次。计算机每天零点,以前一天(当天－1)为基准日,计算出企业信用分值。信用评分按信用评价标准加减后计算,总分为 100 分。在沪园林绿化企业的信用等级、评分结果,以及信用信息明细、信用信息录入时间等信息,在市绿化市容工程站门户网站上公开。在沪园林绿化企业可登录上海市绿化和市容(林业)工程信息平台企业诚信手册系统,自行生成和打印企业信用评分表。对可能涉及商业隐私的社会投资项目的业绩信息,企业可书面向市绿化市容工程站申请不予公开。

第五章　新时代园林绿化监管新任务新方向新趋势

一、创新科学监管理念和方式，全面提高监管能力和监管体系现代化

针对调查过程中反映出来的相关问题，课题组认为应当创新科学监管理念和方式，全面提高监管能力和监管体系现代化。

（一）着眼于法治政府的建设

现代市场经济本质上是法治经济，制定完备的法律制度是政府履行对公共工程市场的监管职责以及维护公共工程市场运行秩序的基本保证。基于公共工程承载了更多公益性和政策性的属性，发达国家和地区的政府在原有的建筑市场法律监管体系框架下，补充完善了保障公共工程监督管理的法律、法规，构建了针对公共工程的更加严格的监管机制。有关公共工程监督管理的法律、法规和技术规范是政府对公共工程监管的主要依据。

党的十八届四中全会提出了要全面推进社会主义法治的建设，实现法治国家、法治社会和法治政府的一体化发展。其中，法治政府的建设是重中之重。会议决议中提出了法治政府的建设标准是："职能科学、权责法定、执法严明、公开公正、廉洁高效、守法诚信。"同时，改革也需要在法治的轨道上前进。要使政府能力能够有效实施，在赋予政府合理的权力外，需要政府在其权力范围内对其监管对象进行有效监督管理。监管能力指政府监督以及管理的能力，是政府在市场经济条件下为某些公共政策的落实而对微观经济主体实行的规范与制约。政府是维持社会秩序的主要机构，政府监管能力的有效性将影响国家公共政策落实有效性。但政府监管能力不能没有限制，政府由于其自身利益考量，在行使监管权力时可能违反市场规则，因此，政府监管需要确

定其监管范围。

因此,下一步的园林市场管理改革需要在法治的框架下进一步完善规章制度,从制度供给角度思考工作,调整、完善、优化相关管理制度,从根本上优化营商环境。根据《行政许可法》《行政处罚法》以及《行政强制法》等法律规定调整市场准入门槛,营造良好的法制环境,从而为健康稳定的市场发展提供有力的制度保障。园林绿化政府监管,(1)要求监管范围的确定性,但不能完全对市场不加监管。政府监管应当通过立法及政策的出台明确其权力边界,以防止政府对正常市场竞争产生不利影响,对于政府政策出台过程的公开化、透明化都展现出我国开放市场,将政府从市场的主导地位转变为引导地位,即在不影响市场正常竞争的基础上,应当加大事中事后监管力度,对于园林绿化市场违反法律规定,危害消费者权益的行为要加大监管力度;(2)政府监管能力要求监管的公平性。政府监管在不同企业的不同对待不符合监管的公平性,政府监管的不公正也与地方政府的利益导向及中央政府对地方政府监管不到位有关。

在被问及"您认为园林绿化施工企业资质取消后,绿化市场监管的重点应当是什么",参与本次问卷调查的企业人员,普遍认为"加强专业技术人员和施工现场专业人员资质管理,强化相关人员培训力度"(78.97%的企业选择)、"采取多种综合措施,提高行业准入门槛"(70.56%的企业选择)、"加大企业、人员业绩审核力度,保证相关信息真实性"(66.82%的企业选择)、"建立健全行业内企业信用制度建设,加大奖励或者惩戒力度"(66.82%的企业选择)、"加大对注册在外地企业的管理力度"(61.21%的企业选择)等应该成为园林

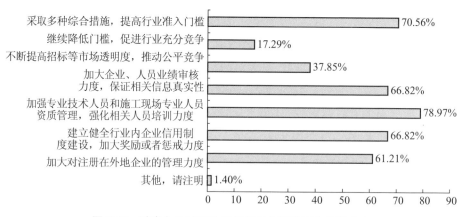

图 2-32　受访企业对园林绿化市场监管的重点期待分布

绿化施工企业资质取消后绿化市场监管的重点内容。这也体现出,企业对于监管部门优化管理职能的需求较为迫切,内容也较为广泛。而"不断提高招标等市场透明度,推动公平竞争"(37.85％的企业选择)和"继续降低门槛,促进行业充分竞争"(17.29％的企业选择)两项,则并不是企业特别关注的监管内容。这也体现出,目前市场透明度已经较高,行业准入门槛已经较低。

　　在被问及"绿化工程项目现场监督的重点是什么",参与本次问卷调查的企业,意见并不统一。意见相对较为集中的是将"建设单位,共同做好竣工验收工作"(占比67.29％)作为重点工作。其余各项工作虽都有至少超过四分之一的得票,但均未过半数。这也充分说明,园林绿化企业对于现场监督工作的需求呈现多元化特征,需要监管部门根据不同情况行使不同的职责。

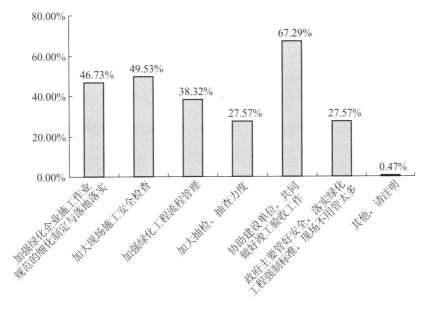

图 2-33　受访企业对园林绿化工程项目现场监督的重点

(二) 着眼于营商环境的改善

　　李强书记指出:"上海要建设卓越的全球城市,增强吸引力、创造力和竞争力,必须对标国际最高标准、最好水平,不断提升制度环境软实力,努力打造营商环境新高地。"要达到这一目标,李强书记指出要在三个方面加强,即已有强项要更强更优、短板弱项要补齐提升以及特色亮点要打响品牌。浦东容绿化市场发展基础较好,基本形成国有企业为主导、私营企业充分发展的格局。在下一步的制度改革过程中,我们要发挥已有的优势,进一步解决相关企业在营业过程中的真实困难,改善营商环境,释放企业活力,形成可复制可推广的市场发展经验。

第一,精简审批前置条件。各类审批的前置条件和申报材料依照依法、规范、必要的原则,能减则减,不得设置"兜底条款"。相关部门核发的审批文件由办理部门向其他行政机关推送,实现信息共享,不再要求建设单位反复提交。

第二,推进建设项目行政审批与互联网深度融合。以"互联网+"政务服务为抓手,进一步做好项目办理流程的梳理,尽可能简化办理环节,依托完善"园林绿化工程综合信息服务平台",大力推进建设项目行政审批电子化,努力实现"让数据多跑路,企业少跑腿"。

第三,从施工图纸审查和办理施工许可证入手,逐步扩大网上审批的覆盖率,推进电子签章技术在建设项目行政审批业务中的应用,实现对项目审批和建设全过程监管。

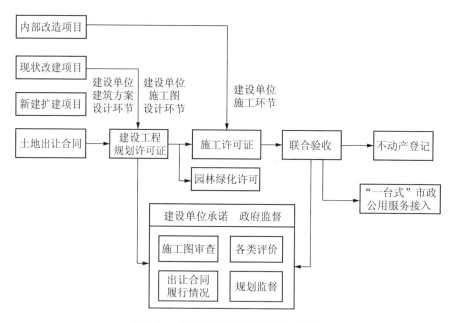

图 2-34　园林绿化工程行政审批流程

(三)着眼于智慧政府的建设

上海要建设卓越的全球城市,其中最主要的一个方面就是要实现城市管理的现代化。管理的现代化一方面是要在管理制度设计上的现代化,从传统的行政命令式的管理模式转化为"企业自律、行业自治、政府监管、社会监督"的多元参与型社会治理新格局。有关部门要善于灵活使用多种管理手段实现管理目标，实现政府管理流程的再造，提高行政管理的效率。另一个方面就是管理技术上的现代化，尤其是要充分依托于信息技术的发展，逐步学习采用大数据技术、人工智能技术、物联网技术等新兴技术，提升管理的科学性，发掘新的管理措施和手段，实现精细化管理。

浦东新区绿化市容行业发展人工智能具有一定的基础。通过近十年的建设，行业信息化在日常管理中的影响日益提升。绿化市容行业信息化技术体系基本形成，基本实现管理对象和管理过程信息化，移动互联网、物联网等新兴技术逐步渗入各条线应用，智能监控、特征识别等技术在行业内已成功应用，并取得良好绩效。通过多年的持续积累，行业基础数据资源不断完善，数据整合共享协同初见成效。加速积累的技术能力与海量的数据资源、巨大的应用需求有机结合，形成了绿化市容行业人工智能发展的独特优势。

浦东园林市场监督和管理已经在管理的科学化程度上进行了有益的探索和尝试，接下来就是需要在新管理需求的引导下进一步采用新的管理理念和新的管理技术实现现代化的市场管理。

第一，元数据建设。以绿化市容行业信息化为基础，以大数据建设为目标，收集、整理各类行为数据、物联网数据、信息化数据，完成行业数据建设和积累工作。广泛建设行业信息系统，采集包括各类行业基础地理信息数据、动植物资源数据、各类业务管理数据以及游客量等动态服务数据在内的各类海量数据；建立公共数据采集机制和系统，通过公共平台采集行业管理相关数据等；完善物联网建设，采集环境数据、土壤数据等更多的物理数据，为人工智能的预判、分析提供大数据基础。

第二，标准化建设。现阶段，人工智能技术应用前提是有序的有监督的学习、训练，因此我们需要按一定的标准和规范，建立行业基础数据集，并以三至五年的时间为一个阶段，累积数据供其进行学习和演化，从而建立有序的分析、判断和决策能力，以应对特色的行业应用。行业的标准化建设包括建立规范的结构化及非结构化的数据库系统，留存重要的、有代表性的视频资料信息、语音信息和其他图片信息，并打通行业间数据共享环节。未来的智能化系统建设应该充分考虑新旧系统、跨应用系统、跨部门应用系统等之间的横向联系，形成数据之间可以共享、可以交换、可以联动的基本架构，为人工智能的应用扩展提供架构保障。

第三，集成化建设。充分利用绿化市容行业现有系统及基础，通过完善、升级和改进系统，逐步形成智能绿化市容建设。人工智能要与智慧城市建设和国家各领域的人工智能应用进行有机结合，在大的标准体系下完善自己的体系建设，在未实现业务对接、数据共享条件的情况下提前规划对接要求，为行业人工智能项目的落地营造环境。

(四) 着眼于上海"四个品牌"的建设

李强书记要求上海要全力打响上海服务、上海制造、上海购物、上海文化四大品牌的建设。上海市园林绿化工程建设不仅体现的是上海制造的水准，同时也与上海的旅游服务业、购物、文化等相关。尤其是观光旅游业和园林文化产业与绿化工程建设有着密切的关联。上海园林绿化市场要占据高端市场，引领全国园林绿化产业的发展，就必须要有"上海品牌"的意识，用品牌意识引领我们的改革发展。

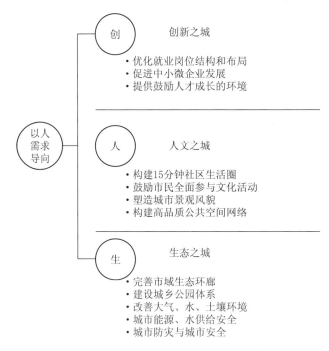

图 2-35　以人为本的上海 2035 总体规划愿景

纵观上海市历次城市总体规划，城市愿景目标从"经济发展、城市建设"到"充满活力朝气的创新之城、公正包容魅力的人文之城、韧性可持续的生态之城"，详细展现了人们对未来城市生活的美好向往需求，未来上海的城市发展正逐渐成为一个以人需求为本、以绿色生态发展为核心的有机活力的生命体。

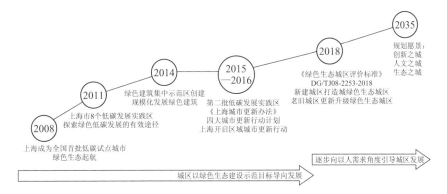

图 2-36　绿色生态城区发展进程

近年来在新建城区方面，上海市的绿色生态城区更加注重在土地利用、绿色建筑、绿色交通、资源与碳排放、生态环境、智慧管理等方面的规划、建设与运营；在老旧城区方面，目前在建设用地"负增长""存量开发"背景下，老旧城区更新更多注重的是功能、空间、建筑、环境、文化、交通方面的绿色生态品质提升。为实现以人为本的发展目标，上海市绿色生态城区需要转变现有发展模式，基于上海 2035 总体规划为引领，以生态城区评价标准为抓手，重点实施以人需求为导向的绿色生态策略。

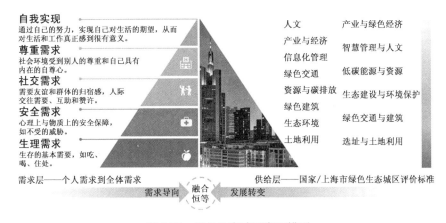

图 2-37　绿色生态城区发展模型

基于需求导向与城区标准指标关系度关系分析，借鉴"总需求＝总供给"宏观经济学理论，最终提出建立"需求导向—发展转变"的绿色生态城区发展模式,需求层从人需求的角度出发,结合马斯洛的五个需求层次为基础,从个体的需求到全体的需求导向。

第一,生理需求层面。在绿色生态城区发展下,生态需求层面的绿色生态策略重点从健康绿色建筑保障、宜人舒适室外环境、便捷高效交通出行三个方面展开,营造健康绿色、舒适高效绿色生态城区基本生理需求。

01 健康绿色建筑保障
• 健康绿色生活方式的载体空气、水、营养食物、光、健身、舒适、精神
• 老旧建筑性能提升改造

02 宜人舒适室外环境
• 安静闲适的声音环境
• 可体验的室外地表水环境
• 干净无垃圾的场地空间

03 便捷高效交通出行
• 600/500米步行可达的轨交/公交站点
• 清洁能源的公车搭乘
• 快速可换乘的公交、自行车、出租车枢纽

图 2-38 城区生理需求层面绿色生态策略

第二,安全需求层面。安全需求层面的绿色生态策略重点从生态系统安全稳定、绿色安全建设材料、智慧信息安全监管三个方面展开,打造生态、安全、安心的居住、生活、工作环境。

01 生态系统安全稳定
• 本地生物多样性无外来物种入侵
• 防洪排涝建设海绵城市
• 污染场地修复治理
• 场地环境风险管控制度

02 绿色安全建设材料
• 建设项目的绿色建材使用
• 路基路面生态、环保材料使用
• 固废、污泥资源化利用

03 智慧信息安全监管
• 大数据、物联网、云计算下的信息安全
• 城市环境安全监测和管理
• 智能交通安全引导
• 城市照明、市政、服务设施的智慧运营

图 2-39 城区安全需求层面绿色生态策略

　　第三,社交需求层面。社交需求层面的绿色生态策略重点提供公共开敞活动空间,打造混合活力的交往街区,建立多元化公众参与环境,为绿色生态城区创造活力舒适、绿色宜人的交流场地。

公共开敞活动空间	混合活力交往街区	多元化公众参与
• 城市活动中心/街区广场 • 公园绿地广场/街区公园 • 功能完善慢行休闲绿道	• 步行尺度宜人的混合功能街坊 • 活力中心和邻里中心集中心 • 菜场、银行、医院、学校等多功能	• 建立公众意见表达机制 • 组织公众参与实践 • 建立"跳蚤市场"鼓励资源利用

图 2-40　城区社交需求层面绿色生态策略

　　第四,尊重需求层面。尊重需求层面的绿色生态策略是基于尊重自然、城市、场地以及个体的发展规律,从顺应自然山水格局、延续城市历史风貌、感知多结构人群的需要三个方面,实现从个体到环境的尊重需求。

顺应自然山水格局	延续城市历史风貌	感知多结构人群需要
• 尊重自然地形、水域、湿地等保护 • 科学划定城区的生态控制线	• 尊重城市历史建筑底蕴风貌 • 打造城市特色标识及景观小品 • 挖掘"密路网、小尺度"城市肌理	• 提供多样化住房构建平等机制 • 定期开展社会民情调查挖掘需求 • 关爱心理健康打造人文关怀标识及设施

图 2-41　城区尊重需求层面绿色生态策略

　　第五,自我实现层面。自我实现层面的绿色生态策略是基于社会活动的主体,从个体居民、企业、政府三个层面,通过居民实现安居乐业、企业展现社会责任、政府完善服务体系的自我实现价值体现,为绿色生态城区可持续发展提供核心支撑力量。

01	02	03
居民实现安居乐业	**延业展现社会责任**	**政府完善服务体系**
·提供就业与技能培训服务 ·定期组织及参与社会公益活动 ·通过自我能力进行社会回馈	·实行节能、节水、碳排放制度 ·产业能耗、用地投资达到先进值 ·企业构建绿色产业链	·建立智慧便民的服务平台 ·创建低碳/节水/智慧社区

图 2-42　城区自我实现层面绿色生态策略

二、更加深刻地理解和把握园林绿化行业监管实践发展的新趋势新动向

园林绿化工程市场监管和现场监督改革的新动向要求我们更加深刻理解该行业监管实践发展的新趋势新动向。

（一）从单一采用行政监管模式或自律监管模式向两者相结合的监管模式转变

我国园林绿化工程建设市场主体的监管无论是在成熟度上还是市场机制发育程度上，远不及发达国家，因此，需要借鉴发达国家工程建设市场主体的监管模式，研究并构建我国园林绿化工程建设市场主体监管机制。由于市场化程度以及经济制度等方面的差异，各国形成了不同的监管模式，具有代表性的是行政主导型监管模式、自律型监管模式以及中间型监管模式，其中中间型监管模式介于行政主导和自律型之间，既注重行政监管作用，又注重自律约束作用。由于单一强调行政监管或自律监管都存在不同程度的监管失灵，因此，国际上原来实行单一行政监管或自律监管模式的国家已向两者相结合的监管模式转变，从而实现优势互补。

一是更好地发挥政府作用，加强园林公共建设工程市场准入监管。园林公共建设工程市场准入是指政府职能部门决定是否赋予某些申请者以公共建设工程市场主体资格、决定某项公共建设工程是否符合立项条件并准予开工建设的行为。从发达国家和地区对公共工程的决策程序看，他们非常重视园林公共工程前期立项环节的可行性研究工作，如美国、我国香港等国家和地区的公共工程项目论证必须经过严格、规范的批准程序方可实施。当前我国的政府投资规模大，涉及行业多，投资领域宽，国内的园林公共建设工程项目虽然也是按照国家批准的规划进行，但我国现行的工程监管机制侧重于对园林工程建设施工环节的监督，忽视工程立项的可行性研究。加强政府市场准入环节的监管职责，将园林公共建设工程监管工作的重心由目前对施工环节的监管为主向工程立项环节的预防控制为主转移，是从源头上保证公共工程建设和财政资金使用的必要性、安全性的有力举措。

　　二是注重利用市场化手段，加强市场在资源配置中的决定性作用。园林建筑市场不仅是专业性极强的领域，而且园林建设工程质量安全直接关系百姓的安危和社会的稳定，公共建设工程领域的这个问题更加突出。实践中，发达国家和地区的公共工程市场的监管机制，非常注重依靠和发挥市场调节的激励作用，强调利用市场机制，充分发挥第三方中介机构的专业性优势，对公共工程建设的全过程提供专业的指导和监督。发达国家和地区创建了一系列的市场约束机制，如工程质量保险制度、建筑市场信用制度、建筑市场主体失信"黑名单"制度。党的十八大以来我国行政体制改革的目标，就是要协调政府和市场的关系，在发挥政府宏观调控作用的同时，应更加注重发挥、利用市场化的调节手段。我国的园林建设工程监管职能部门理应改变监管思路，在符合条件的基础之上，适时适度地把对园林公共建设工程监管的技术性、专业性的工作委托给专门的中介机构负责。

（二）尊重市场规律，利用市场化的监管手段保证公共工程质量安全

　　发达国家和地区的市场经济发展历史，决定了这些国家的市场管理模式更多的是通过间接的、市场化的手段来实现的，园林建筑市场也不例外。这些市场化的监管机制包括：一是建立强制性的工程质量保险制度。工程质量保险是为了保障业主和其他人的合法权益，保证工程质量安全而设立的一种财产保险制度，是控制园林工程质量风险的重要市场化手段之一。在涉及国家利益、社会公共利益、社会公众安全的工程建设项目中强制实行工程质量保险，对公共工程质量安全的保障具有重要的意义。二是构建健全的建筑市场信用制度。园林建筑市场信用制度是由各种信用要素（包括建筑市场主体；信用法律、法规；信用制度；信用工具等）有机构成的一套建筑市场的治理机制，通过奖励守信和惩戒失信，使园林建筑市场主体的价值取向向守信转变，从而共同促进整个园林建筑市场信用水平的完善和发展，保障建筑市场秩序的正常运行和发展。

（三）更加深刻地把握从单一他律或自律向他律、自律有效互补的监管转变

园林绿化工程建设领域市场主体的监管是一项艰巨而复杂的任务，仅仅依靠政府的力量容易滋生很多问题，难以体现监管的有效性。2014 年，发改委、工信部等联合印发《关于推进行业协会商会诚信自律建设工作的意见》，明确提出要建立健全行业自律机制，推动政府、市场、社会以及行业协会形成联动效应。行业自律源自其作为经济治理机制的功能，即协调对外沟通并实施对内监督惩罚，从而维护行业利益，规范行业竞争秩序。同时，行业自律比他律更贴近市场，更熟悉市场主体的暗中操作，有更敏锐的市场察觉力，自律范围包括法律无法涉及的道德领域，因此，离开自律的他律效率是低下的。

园林绿化工程建设市场主体的实践发展趋势从单一的他律或自律向他律、自律有效互补的工程建设市场主体监管转变（见下图）。园林绿化工程建设领域自律的监管主体为行业协会，他律的监管主体为政府和社会。行业协会和政府监管在各自的职权范围内行使其权利，行业协会不是政府监管机构的附属机构，也不受政府监管机构的不当干预。其与政府监管机构是一种受到政府依法监管的分工关系。

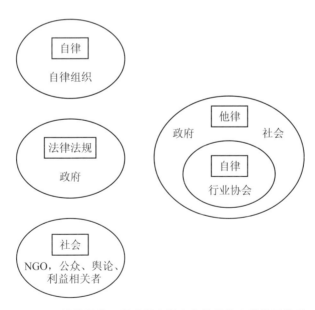

图 2-43　园林绿化工程建设市场主体监管的实践发展趋势

三、将绿化工程"建设项目"定位转变为"产品"转变

在我们将绿化工程从"建设项目"的定位转变为"产品"之后,目前的制度设计都需要随之改变,要从更高的站位上看待我们目前的制度设计。这其中主要包括了以下几个方面的内容:

(一)对接放改服改革,优化绿化建设市场

上海市经过多年的建设和发展,园林绿化领域的市场化运作已经逐步形成。然而,目前上海市的园林绿化市场本身还存在诸多的问题,例如,绿化市场竞争依然不够充分,社会资本的参与程度仍然有所欠缺、绿化产品的种类和质量仍然有待提高。为此,上海市园林绿化部门有需要进一步对接放改服改革,优化营商环境,促进绿化建设市场的进一步发展。国务院办公厅《关于聚焦企业关切进一步推动优化营商环境政策落实的通知》(国办发〔2018〕104号)中指出优化营商环境的首要就是在于坚决破除各种不合理门槛和限制,营造公平竞争市场环境。根据中央的这一要求,上海市应当在以下几个方面深化改革:

1.减少甚至消除资格限制的要求

政府设定资格限制,实质上是在设定一种行政许可。根据《行政许可法》的立法精神,行政许可的设定要么是基于大多数人的利益考虑,要么就是关系到国计民生的重点领域。除此之外的资格限制、许可设置从合法性和必要性上都会存疑。例如,上海市过去对园林绿化企业实施的资质管理。所有的园林绿化企业被分为三级进行管理。不同等级的企业能承接的项目类型是不一样的,例如,一级企业能够承接所有标的数额的项目,而三级企业则只能承接较小数额的项目。这种基于资质的分类监管虽然从监管的角度来说比较方便,但是从市场发展的角度,人为设置门槛,会限制等级比较低的企业发展。然而,从市场化的运作来看,这种资格的限制并不需要。通过比较完善的招投标程序,招标人在招标要求中标明投标的企业要求,会自然选择自己认为合适的中标企业。中标企业能力是否足以承担相关项目建设是招标人应当予以承担的市场风险。政府毋须提前为招标人进行甄选。园林绿化部门在行政审批改革中取消了资质管理的内容,将监管的重点转为项目的质量和安全保证上,是符合市场发展的规律和要求的。因此,上

海市政府及其园林绿化主管部门应当对现有的规章制度进行梳理,取消不合理的门槛设定,尽可能地让更多的社会主体可以参与到园林绿化市场中来。

2. 中小企业的政策扶持

从我们对上海市目前园林绿化工程的企业业务量分布来看,目前上海市的园林绿化企业中"贫富分化"比较严重。根据园林工程管理事务站提供的2016—2017两年的企业业绩分布图表明,目前上海市有经营活动的 361 家绿化企业中,有 204 家企业(56.51%)营业额在 1 000 万以下,103 家企业(28.53%)营业额在 5 000 万到 1 000 万之间,23 家企业(6.37%)营业额在5 000 万到 1 亿之间,28 家企业(7.76%)在 1 亿到 5 亿之间,1 家企业(0.28%)在 5 亿到 10 亿之间,2 家企业(0.54%)在 10 亿元以上。从相关图表中我们可以看到,上海市园林绿化企业的业务量呈现金字塔型。中小型企业与大型企业之间的差距非常巨大。如果依然如此,大型企业依靠自身的优势,不断地滚动发展,中小企业生存的空间会越来越逼仄。这种情况不利于形成一个开放和发展的市场形成。对此,园林绿化部门应当对一部分比较优质的中小型企业在其权责范围之内,进行扶持,进行业务上指导,推动这些企业的迅速成长。最好的结果是,在上海市绿化市场整体不断发展的同时,社会各方资本能够积极进入市场,涌现出一批优质的企业。

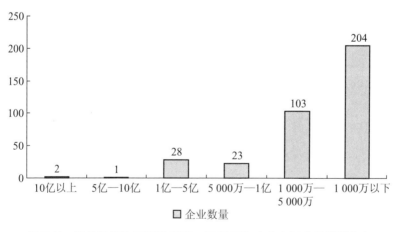

图 2-44 园林绿化施工项目 2016—2017 两年企业合同业务总额分布

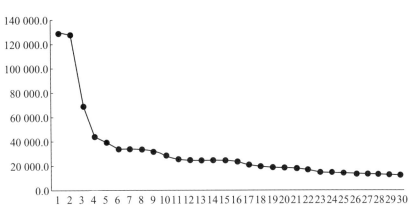

图 2-45　2016—2017 年合同额前 30 名企业数量分布

3. 要严格禁止地方保护和行政垄断行为

国务院办公厅《关于聚焦企业关切进一步推动优化营商环境政策落实的通知》中要求坚决纠正滥用行政权力排除、限制竞争行为。根据调研，上海市目前的绿化市场的结构中不仅呈现出业务量上的金字塔形，而且企业的所有制结构中，国有的绿化企业占有明显的优势。上海市和各区县都有相应的大型国有绿化企业。这些企业无论从经营规模还是经营能力上来讲，都是比较优质的企业。相较之下，民营资本的绿化企业规模较小，人员、技术、资本等均有不小的劣势。在这种情况下，各级政府及其职能部门尤其要注意在绿化市场的相关运作过程中不能出现排除、限制竞争的行为。无论企业是本市还是外地的，是国有的，还是民营或者外资的，政府都应当一视同仁，做好裁判者的角色。

（二）从"项目"向"产品"的转变，提升城市绿化品质

生态产品概念的提出对于上海市园林绿化的行业发展和监管而言都是一个质的飞跃，是上海市城市绿化事业发展到一定阶段的必然结果。伴随着这一改变，本书认为相关的监管思路应当随之发生如下的一些转变：

1. 采用产品化的监管，从对建筑质量的关注提升到产品品质提升

回顾改革开放之后上海市绿化发展的历史，上海绿化从零散管理的孕育发展阶段，到采用项目化的规范化管理阶段，再到优化升级阶段。整个管理的过程是不断的科学化、规范化过程，关注的重点在于质量和安全。然而，对于产品而言，满足国家和地方标准的质量和安全标准只是其最低限度的标准。

产品还有品质、品牌建设的内在要求。2018 年,上海市委、市政府召开全力打响"四大品牌"推进大会。"四大品牌"指的是"上海服务""上海制造""上海购物""上海文化"。上海市质量监督部门专门出台相关文件推动"上海品牌"认证的建设,鼓励和促进先进标准的实施,达到"国内领先、国际一流"的标准,促进质量提升,打造高端品牌。在这一背景之下,生态产品的概念提出之后,绿化工程的管理不仅仅是一个工程的监管,更要追求一个高质量、高品质的产品。因此,这就需要园林绿化部门通过行政指导,推行高质量标准、行政奖励等措施推进本市的园林绿化企业追求更高的品质要求。

2. 在监管对象上应当区分政府项目和社会项目,采用不同的监督标准,进行分类监管

生态产品概念的引入,不仅在我们的监管中加入了品质、品牌的概念,同时也带来了差别化监管的概念。这里差别化监管与我们之前所讲的根据企业经营规模大小分为"大、中、小、微"四类进行监管不同,也与现在采取的信用分类监管不一样。根据市场运行规律,产品本身就带有差异化的特征。面对不同的客户或者消费群体,生产厂商必须提供不同特性和品质的产品。在这种背景之下,政府必须对监管思路进行调整,对政府项目和社会项目采取不同的标准进行监管。一方面,对于政府的招投标项目,监管部门应当从社会公共利益出发确定相关监管标准,确定项目施工要求,按照政府招投标的程序进行;另外一方面,对于社会项目,监管部门应当适当地放宽标准。社会主体之间商谈的项目只需要符合国家和上海市制定最为基本的安全和质量要求开展即可。对于相关项目的个性化部分,则是属于平等民事主体之间需要协调处理的内容。双方因此发生争执,则是走民事纠纷处理程序,不宜由行政机关予以介入。

(三) 优化工作机制和流程,提高监管效能

面向未来的监督管理,园林绿化部门不仅要在工作理念上有所转变,同时在工作的方式方法上也要有所改进,优化工作的流程和机制,提高监管的效能。本书认为,相关部门可以从以下几个方面予以考虑。

1. 改进现有的执法工作

为了适应生态产品定位下的园林绿化市场的建设,园林绿化执法部门需要在以下几个方面改进和完善。一是打造高效专业的执法队伍。整个园林绿化市场的定位发生变化。监管人员的工作思路也应当随之发生转变,要从工

程项目的监管思路转移到产品的质量保证和提升角度上来思考和开展相关的工作。因此，打造一支适应新形势下的执法队伍成了当务之急。二是采用双随机抽查、告知承诺等监管模式进行事中事后监管。与其他领域一样，行政审批改革之后取消了很多行业的准入门槛，随之而来就是如何事中事后监管的问题。市场监管部门在事中事后监管中探索了"双随机检查"制度、"告知承诺"制度等一系列新的监管措施。这些探索和实践可以被园林绿化市场监管予以吸收和利用。监管部门可以在此基础之上继续探索适应园林绿化市场监管的监管举措。三是充分利用好信用监管措施。信用监管是近些年监管部门对于企业和相关负责人员进行监管的有效举措。通过政府的信用风险提示，市场主体可以有效地规避因为失信带来的经营风险。同时，信用惩戒制度给当事人带来的不利后果也给相关企业和个人形成了充分的震慑。上海市园林绿化部门根据市建设交通委员会的统一安排，也开始探索用信用监管对绿化市场进行监管。但是，现有的信用监管在具体实施细则和与其他执法领域的联动惩戒上还有所不足，有待监管部门进一步的完善。

2. 采用新的技术手段辅助执法

信息化技术的发展对政府的监管模式和方法产生了深远的影响。尤其是近几年以来人工智能、大数据技术的出现和发展，给政府的执法工作带来了不可估量的深远影响。例如，中国证监会就充分利用信息技术手段，出台了《稽查执法科技化建设工作规划》，以办案为核心，以数据为基础，以共享为原则，以管理为主线，以质量为保障，以技术为支撑，全面建设覆盖证券期货稽查执法各个环节的"六大工程"，即数据集中工程、数据建模工程、取证软件工程、质量控制工程、案件管理工程、调查辅助工程。①通过这六大工程，着力实现四个方面的目标：一是形成实时精准的线索流，提升主动发现和智能分析案件线索的能力，实现线索发现的智能化；二是形成办案管理的程序流，提升案件管理能力，实现执法工作的流程化、规范化；三是形成调查处罚的标准链，明确案件调查的证据标准和规则，以及处罚的裁量原则尺度，实现执法标准的规范化、一致性；四是形成智能实用的工具链，为案件调查提供先进的软件和硬件支撑，实现办案工具运用科技化。②园林绿化监管部门可以借鉴兄弟部门对新技术运用的经验，充分采用数据监管、无人机执法、全程执法记录

①②　程丹：《证监会稽查执法引入科技　建设大数据平台》，见 http://field.10jqka.com.cn/20180526/c604691600.shtml，最后访问日期：2019 年 8 月 1 日。

等技术手段辅助执法。

　　3. 培育第三方机构,加强企业的自我管理意识,形成监管合力

　　国务院《关于"先照后证"改革后加强事中事后监管的意见》(国发〔2015〕62号)中指出:"推进以法治为基础的社会多元治理,健全社会监督机制,切实保障市场主体和社会公众的知情权、参与权、监督权,构建市场主体自治、行业自律、社会监督、政府监管的社会共治格局。"也就是说,新时代的行政监管不能仅仅依靠政府部门,应当是政府、企业、行业协会和社会形成的监管合力。这里也主要包括三个方面的内容:一是发挥行业协会的作用。行业协会可以通过协会章程的制定和实行实现对协会成员单位的规范化管理。同时,协会可以在政府监管的基础上提出更高的要求,提升上海园林绿化企业的整体水平。二是发挥企业的自我管理精神。行业协会的监督、政府的监管和其他社会力量的监督对于企业来说都是一种外部的监管。这些监管措施的最终落地还是需要借助于企业自身来得以实现。因此,敦促企业加强监管意识,完善内部风险控制流程,也是园林绿化市场监督的工作重点。政府对于管理流程比较完善、信誉比较好的企业可以采取减少检查次数、企业提供自查报告等措施,从而鼓励企业自律。三是鼓励社会公众对相关企业、行业协会的监管。根据"谁执法、谁普法"的原则,园林绿化主管部门应当配合市区的普法工作,做好相关领域内的法律宣传工作,让社会公众了解本领域内的一些法律知识。在此基础之上,执法部门可以通过市民举报、媒体曝光以及其他组织提供的违法信息对违法单位和个人进行监督。这在一定程度上可以缓解执法力量不足的问题,同时也可以形成社会"知法、懂法、守法、护法"的良好社会氛围,有利于法治社会的建设。

第六章　优化园林绿化工程市场监管和现场监督的对策建议

　　对于调研过程中目前反映出来的这些问题,课题组对其中的一些问题进行了一些分析如下:

一、人员到场的要求有利于规范本市绿化施工行为,需在一定时期内维持

　　通过上文中双方观点的缕析,课题组认为目前对于人员的要求基本符合本市绿化施工市场的基本情况。这主要是因为:第一,从相关数据上来看,以现有的业务量基础,市场上的各类持证人员在数量上能够满足到场人员的要求。虽然各个企业的经营状况不一,对要求的反应程度不一样,但是从整体来看,还是可以适应新的规定。第二,改革需要一定的稳定期。目前对于人员到场的要求 2017 年才正式发布,正式施行的时间比较短。短时间内,绿化市场和相关企业的情况没有发生大的变动,而改革的实际成效也未能充分展现。因此,课题组认为,现有的人员到场要求暂时不宜进行修改。

　　在调研中,课题组也确实发现了部分企业在适应新规定过程中存在着一定的困难。对于这些问题,课题组建议市园林绿化管理部门向前一步,开展下列服务措施:

　　第一,相关企业加大有关人员的招录和培训工作。对于人员有缺口的企业,解决目前人员锁定需求与现有人数之间最有效的路径就是有针对性的加强专业人员的培训和招录。相应地,市园林绿化管理部门在保证培训质量的前提下,尽可能提高人员的数量,使相关企业能够达到相关政策的要求。

　　第二,有关部门进行研究,涉及的七类人员中是否可以兼任,即一人承担两项或者两项以上的工作。调研中,有关企业负责人提及,七类人员在具体施

工过程中不同环节各自的工作量、工作要求上会有所差别。这就给同一个人员从事两类人员的工作创造了可能。例如,一人在担任项目负责人的同时,是否可以兼任质量员,或者材料员。通过这种方式,相关绿化企业可以在现有的员工人数基础之上最大限度地利用现有的人力资源。调研中,对于"技术负责人与质量员"(占比83.64%)和"施工员与资料员"(占比82.24%)两种兼任模式最为认可。即使是认可度相对稍低的"安全员与质量员"和"技术负责人和资料员"两种兼任模式,也分别占比达到70.56%和64.95%。

二、按照营业额"500 万""1 200 万"和"2 500 万"区分小、中、大三类企业,便于后期分类监管

根据上海市绿化和市容(林业)工程管理站的统计数据,自2016年1月1日—2017年12月31日两年间,有承揽园林绿化施工项目合同记录的361家企业中,合同业务总额超过1亿以上的仅有31家,占比仅8.59%;合同业务总额在5 000万—1亿元的有23家,占比6.37%;合同业务总额在1 000万—5 000万元的有103家,占比28.53%;合同业务总额在1 000万元以下的,有204家,占比56.51%。

按照目前承接合同项目的"500 万"和"1 200 万"的两个要求,结合企业的业绩分布图,也就是说有204家企业(56.51%)最多一年承担一个500万的项目,这类企业的经营规模明显偏小,宜划入小型企业的行列。103家企业(28.53%)一年最多可以承担1 200万标的额的项目2项,在经营规模上属于

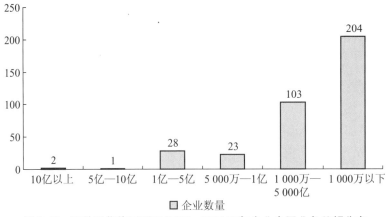

图 2-46　园林绿化施工项目 2016—2017 两年企业合同业务总额分布

中等,应可以划入中型企业的行列。剩下的 54 家企业(14.96％)一年可承担 3 个或 3 个以上的 1 200 万项目。这类企业的经营规模比较大。因此,课题组建议用"500 万""1 200 万"和"2 500 万"作为区分小、中、大三类企业的重要标准。

三、安全生产许可证属于安全生产许可条件,仍应当继续存在

围绕安全生产许可证的两个争议,课题组通过调研和分析相关的法条认为:

第一,安全生产许可证属于企业从事生产的安全生产许可条件,企业必须办理。这首先是因为,从《安全生产法》来看,生产企业的安全生产条件是有关主管部门监管的重要对象。《安全生产法》第 17 条规定:"生产经营单位应当具备本法和有关法律、行政法规和国家标准或者行业标准规定的安全生产条件;不具备安全生产条件的,不得从事生产经营活动。"而安全生产许可证是主管部门监管的重要抓手,可以从事前排除资质不达标的企业。其次,如有关主管部门所述,从《上海市建筑市场管理条例》第 61 条第 1 项的规定来看,本市总体而言是将绿化工程作为建设工程的一种类型来看,要参照建筑企业进行管理。第三,绿化工程在施工过程中一般而言并非是纯绿化工程,不可避免会带有一些土木工程项目,甚至会有一些房建项目。安全生产许可证对相关企业而言便是是必不可少的。

第二,企业无须根据合同项目逐项办理许可证。根据现有法律法规的规定,安全生产许可证一次申领,三年内有效,并不是根据项目逐项审批的。《上海市建筑市场管理条例》第 7 条第 2 款规定:"建设工程施工单位应当按照国家有关规定,取得安全生产许可证。"《安全生产许可证条例》第 9 条第 1 款规定:"安全生产许可证的有效期为 3 年。安全生产许可证有效期满需要延期的,企业应当于期满前 3 个月向原安全生产许可证颁发管理机关办理延期手续。"第 11 条规定:"煤矿企业安全生产许可证颁发管理机关、建筑施工企业安全生产许可证颁发管理机关、民用爆炸物品生产企业安全生产许可证颁发管理机关,应当每年向同级安全生产监督管理部门通报其安全生产许可证颁发和管理情况。"从这些规定可以看出,安全生产许可证是企业在一定时期内可以从事生产经营活动的安全资质,不需要根据项目办理安全生产许可。

第三,针对每个项目的安全生产情况,相关主管部门应当通过事中事后监管加以实现。《上海市建筑市场管理条例》第 45 条第 1 款规定:"建设行政管

理部门和其他有关部门应当对建筑市场活动开展动态监督管理。发现企业资质条件或者安全生产条件已经不符合许可条件的,应当责令限期改正,改正期内暂停承接新业务;逾期未改正的,由许可部门降低其资质等级或者吊销资质证书;属于进沪的其他省市企业的,应当提请发证部门依法作出处理。"根据这一要求,课题组建议主管部门可以采取下列措施:可以在企业招投标过程中,将企业的安全生产条件作为招标的条件之一列入;可以采取"双承诺"制度在后续的施工过程中,加强现场监管,确保安全员能够到岗尽职;项目验收过程中,可以将安全生产施工情况作为验收的内容之一。此外,企业的安全生产情况亦可以作为信用监管的重要内容之一。

四、以规划为主、行政委托为辅解决行政职权交叉时的困境

调研中,有关部门反映的职能交叉,主要涉及的问题是绿化工程中附带的建筑工程,或者建筑工程中附带一些绿化工程。这些附带的工程建设工程量不大。相关部门如果依职权对这些附带的工程进行全程监管,则行政成本比较高,而且现有的行政力量不足以覆盖。现在实践中采取的解决方案是由主要的工程监管方代为监管,如对于8万立方以下的土方工程是由绿化主管部门代为监管的。但是,这种管理方法目前并没有明确的规范性文件作为支撑,规范性比较差。这样会造成职责不清,给问责监督带来困难。同样,各部门在监管能力和专业方向上各有侧重,是否可以替代管理仍需要进一步讨论。

然而,考虑到现代工程建设的复合性和一体性的特点,在相关工程建设过程中,各部门之间的合作不可避免。同时,行政执法力量的不足的确约束了行政机关对小微工程的监督力度。借鉴目前已有的实践,课题组建议:

第一,以规划作为确定主管部门的重要依据。这是因为规划性质本身就具有法律效力,相关企业和单位必须按照规划进行施工。在规划已经确定的情况下,确定主管部门相对而言也比较简单、明确。

第二,针对复合型工程中一类工程量明确偏小且监管难度不大的情况下,课题组建议有关部门可以采用行政委托的方式来解决监管职责的问题。在行政委托中,受托部门根据委托部门的指示完成行政任务,由此产生的法律责任由委托部门承担责任。如果受托部门在履职过程中有重大违法情形的,委托部门可以向受托部门追究责任。相关部门可以联合研究出台规范性文件,对于可以委托监管的条件、委托的格式本文、履职的标准和要求、责任分担等内

容予以规定。同时,相关部门也需要加强人员的培训使得监管人员可以承担起小微工程的监管任务。

五、加强诚信惩戒机制建设

园林工程建设市场主体监管实践发展趋势表现为,从单一采用行政监管模式或自律监管模式向两者相结合的监管模式转变。我国工程建设市场主体的监管无论是在成熟度上还是市场机制发育程度上,远不及发达国家,因此,需要借鉴发达国家工程建设市场主体的监管模式,研究并构建我国工程建设市场主体监管机制。由于市场化程度以及经济制度等方面的差异,各国形成了不同的监管模式,具有代表性的是行政主导型监管模式、自律型监管模式以及中间型监管模式,其中中间型监管模式介于行政主导和自律型之间,既注重行政监管作用,又注重自律约束作用。由于单一强调行政监管或自律监管都存在不同程度的监管失灵,因此,国际上原来实行单一行政监管或自律监管模式的国家已向两者相结合的监管模式转变,从而实现优势互补。从这个角度而言,在市场准入过程中,应加强诚信机制的构建,发挥企业诚信信息的作用。课题组建议承接机制中可以考虑以下几个方面内容:

第一,进一步合理化信用评价机制。分别建立人员和企业的信用档案,将企业和个人的从业经历、奖惩记录以及违法犯罪信息等都作为评价内容。执法部门及时将有关信息予以公布,并且在招投标过程中,开启风险提示机制。

其中,结合《上海市社会信用条例》规定和海市园林绿化行业特点,对于存在以下不良行为的在沪园林绿化企业,将其列入全市园林绿化领域严重失信主体名单并在全市通报:围标、串通和弄虚作假骗取中标被有关部门依法查处的;发生较大及以上的工程质量安全事故,或一年内发生两起(含)一般事故,且经调查认定对事故负有主要责任的;发生工程质量安全事故隐瞒不报的;拖欠建筑农民工薪酬,情节严重并被建设行政管理部门向社会公告的;受到行政处罚且拒不履行行政处罚决定的;有行贿犯罪记录的;被人民法院列入"失信被执行人名单"的;未按约定履行合同,导致市、局重大项目工程进度滞后或质量不合格,且受到行政主管部门书面通报批评的;行政处罚项目已经扣完,或经认定的其他不良行为项目分数已经被扣完的;报送的缴税总额以及园林绿化施工合同信息弄虚作假被投诉举报或检查发现后查实的;其他依法应当列入严重失信主体名单的行为。

对于这些严重失信的个人和企业,园林绿化建设行政管理部门对这些企业和个人给予通报,并根据发生的不良行为及情节严重程度予以确定三个月至十二个月的"黑名单"管理,在此期间禁止参与本市政府和国有投资园林绿化工程招投标活动。

第二,实现信用的差别化管理。对于信用良好的企业,市园林绿化行政管理部门在行政审批、入选政府投资园林绿化工程项目预选承包商库、工程招投标和事中事后监管中应当给予优先办理、优先选择、信用加分和优化检查频次等激励措施。在办理行政许可事项时,鼓励采取告知承诺等简化程序。然而,对于严重失信的个人和企业,监管部门还可以采取实行限制市场准入、重点监管、增加监管频次等惩戒措施。在实施行政许可等事项时,列为重点审查对象,不适用告知承诺等简化程序。

第三,动态调整企业信用信息采集范围及评价标准。目前园林绿化企业信用评价是政府为主导的计算机自动评价,因此信用信息的采集强调的是信息的客观性、准确性、量化性,故2015年版本中园林绿化企业的信用评价采取的主要是政府部门可以较为准确掌握的业绩、行政处罚、行政处理奖励等政府部门公共信息。修订版本中,增加了企业缴税额、企业人员以及企业现场、市场不良行为的采集。随着企业信用意识的不断加强,企业信用信息的采集范围也将不断拓展,如企业其他财务指标、企业业主满意度等均可能逐步纳入信用评价体系中。为更科学地体现企业的信用价值,建议动态调整企业的信用信息采集范围以及信用评价标准,以科学判断企业信用状况,实现失信惩戒和守信受益。

第四,增加项目经理个人信用评价。项目经理作为项目的直接管理人员,是项目履约、项目安全质量的直接责任人,项目经理的水平高低、项目经理的诚信履约状况好坏等将直接影响整个项目的推进。因此,在项目招投标过程中,除对园林绿化企业进行信用评价外,考虑对项目经理也进行信用评价。对于信用分达不到合格分的项目经理,其投标不予认可。对于在上海公共信用信息平台中,有行贿犯罪记录的项目经理,其投标不予认可。同时,对于采用综合评标法的项目,在信用标分值中增加项目经理信用分的权重。

第五,打造建筑市场信用信息数据库统的电子政务建设模式导致"信息孤岛"和"数据烟囱"广泛存在,信息不愿共享、不敢共享和不会共享的"老大难"问题仍然是阻碍政府信息资源开放共享的主要瓶颈。(1)从数据资源共享主体和数据共享范围两个角度来看,政府主导、多方参与、协同合作的组织管理体系尚未形成,跨部门、跨区域的协同共治亟须强化。(2)从数据资源共享主体的角度来看,或是不愿共享,或是不敢共享。不愿共享的原因:一是数据资源的拥有主体不愿无偿共享,因为在数据采集过程中付出了较大的人力成本和管理成本。这种情况不但存在于不同政府部门之间,比如:公共交通数据;也存在于同一政府部门内部。二是有偿获得后不愿无偿共享。通过购买方式从数据资源拥有主体处获得数据资源后,因在数据获得过程中投入了经济成本,而不愿意共享。比如:目前商贸部门通过购买方式获取的海关相关数据资源,当其他部门提出共享这部分数据时,一般会明确予以拒绝。不敢共享的原因:一是在本市的属于垂直领导的行政管理部门,在上级主管部门明确要求不能共享的情况,对其所拥有的数据资源,不敢共享。比如:商贸部门业务上有内资、外商、外资的区分,且受国家商贸部门垂直管理,涉及外商外资部分领域,按照上级主管部门的要求,明确是不予共享。二是数据资源拥有主体担心数据共享后在数据传播或使用中出现问题追溯责任至本部门而不愿共享。三是因担心出现数据资源产权纠纷而不愿共享。主要是指通过购买方式从数据资源拥有主体处获得的数据资源。

就园林绿化工程而言,信用信息零乱分散,如资质审批、招标投标、质量安全监管等信息由建设监管部门掌握;法人资格、注册资本和年检情况等信息由市场监管部门掌握;涉及建设工程合同纠纷的信息由司法机关掌握;建筑企业的纳税情况由税务部门掌握;企业的借贷情况又归银行管理,信用信息没有实现互联互通,现实中存在着信息孤岛现象。大数据时代的信息技术使建立全面、统一的建筑市场数据库成为可能,由建设主管部门将一个建筑企业或从业人员分散在市场监管、税务、金融以及司法等部门的各项信息纳入统一的信息数据库,从而能够便捷地掌握市场主体的信用信息,更好防范信用风险。

信息数据库是建筑市场信用体系建立的基础,具体内容包括:一是信息采集。尽可能将分散在上述各部门的建筑企业或从业人员的信息整理、纳入建筑市场信息数据库。二是信用公示。建立全国统一的建筑业信用信息网络平台,使建筑市场各方主体都能对被录入者的信用信息实时查询。三是信用评价,对信息数据库中的信息,采用统一的评价方法,得出对建筑市场主体客观的信用评价结论。四是信用投诉。建立建筑市场信用信息的投诉平台,被评价的建筑市场主体如对自身信用资料产生异议,可以提出申诉,主管部门受理审核后及时更新从而达到对信用主体评价的客观、公正。

第六,加强行业协会的信用监管制度建设。在市场监管中,我们要发挥行业自治组织的作用。课题组建议推动行业加强信用监管的制度建设,对于有信用评级,应当记入申请人、被审批人诚信档案,并对行政相对人的诚信档案进行行业的信用综合评价。同时,加强行业自律组织和政府的信息对接,充分发挥行业协会的行业自律作用。

此外,有关部门可以探索行业信用监管体系与个人诚信制度相衔接的制度,将有关人员在从业过程中的信息,包括违法违规行为、获奖纪录、立功表现等计入个人的社会诚信记录中,加大诚信机制的效用范围。

调研中,问及"本市园林绿化工程市场监管和现场监督改革后,您认为行政管理部门在信用监管方面哪些地方亟待完善",参与本次问卷调查的监管部门人员,普遍认为行政管理部门在信用监管方面还有不少地方亟待完善。其中,对于"失信惩戒进一步加强"的期待最为迫切,有 24 人认为亟待完善。另外,"信用预警、评价更加完善"和"加大企业许可、处罚等信息公示力度"也较为迫切,分别有 22 人和 19 人选择。还有 17 人认为"加大对从业人员个人的信用奖励和惩戒力度"亟待完善。可见,监管部门人员充分认识到了自身在信用监管方面存在的较大不足,值得改革设计者高度重视。

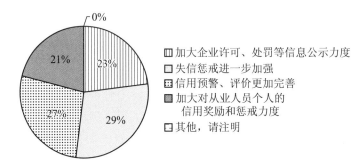

图 2-47　受访监管人员认为园林绿化工程在信用监管方面亟待完善的环节

六、探索银行信用担保制度,降低企业履约风险,维护市场稳定

本市园林绿化工程建设市场由于历史客观原因,尚未实行工程建设缴纳保证金制度。保证金制度能够在一定程度上加强相关企业的履约意识,减少协商和沟通中的成本,维护市场的稳定。但是,保证金也会占用相当企业的一部分流动资金,对于企业的现金流会产生影响,一定程度上制约了其业务的发

展。这种影响对中小企业的发展尤为明显。课题组建议有关部门将按照国务院全面清理规范各类保证金的要求,参照本市建筑行业市场相关成功经验,制定本市园林绿化工程建设履约保证体系建设管理办法,引导园林绿化工程建设企业以银行保函或担保公司保函的形式提供履约担保,探索发展履约保证保险、工程质量保险,推进联合激励和联合惩戒。银行的履约担保等按照国际惯例作为信用担保范畴,在国际上广泛应用并取得好的效果,但国内银行只要企业存入一定的资金,就可开具相关的银行的履约担保,失去了作为第三方信用担保的作用,建议从国家层面出台相关信用担保制度。

此外,在园林公共建设工程领域强制推行建设工程质量保险制度。国家通常出于公共安全的需要,会对事关国计民生的行业采取强制保险制度。实践中,无论是 2000 年实施的"A 级住宅质量保证保险制度",还是 2005 年颁布的《关于推进建设工程质量保险工作的意见》,均规定我国的工程质量保险为自愿保险,无强制效力。然而,园林公共建设工程的属性决定其必须采取强制保险,在工程质量保险制度刚开始发展的阶段,政府的强制力是推动工程质量保险制度顺利发展的重要力量,也是必要手段。强制在公共建设工程领域推行工程质量保险制度表面上似乎增加了单个被保险人的支出成本,但从整个社会来说,保费并不是单独增加的,而是通过收取保费的方法来分摊灾害事故造成的损失。通过保险公司在保险责任范围内的赔付行为实现保险的救助功能,最终通过强制性的保险机制可以增强整个社会和整个建筑市场的抗风险能力。

七、优化园林绿化工程建设市场主体社会化监管机制

目前,在各种利好政策的推动下,园林绿化工程建设市场主体的监管逐步向行政监管为引导的社会化监管转变,即由静态的事前监管转变为动态的事中事后监管、政府直接监管转变为间接监管。由于放宽市场主体的准入条件,市场主体数量将迅速增加,市场主体信用问题显得尤为突出,因此,在社会化监管机制中,信用是基础也是核心。同时,社会化监管为市场主体提供了广阔的发展空间,市场主体活动的开展是社会化监管形成和发展的前提。社会化监管机制内各种构成要素相互作用、相互协调,形成了一个有机整体。

社会化监管是健全工程建设市场主体、规范市场主体行为、落实市场在资

源配置中的决定性作用的重要保证。由政府主导型监管向社会化监管转变是工程建设监管发展的必然趋势。信用、金融(保险、担保等)、信息技术、大数据、智能化等手段以及社会公众、NGO 等在工程建设市场主体监管中将发挥越来越重要的作用,目前社会化监管对于有效降低监管成本、提高监管效率、预防腐败、弥补政府监管力量不足,提高投资的综合效益,最终为公众提供保质保量的公共产品和服务,以充分实现市场的决定性作用和发挥工程建设项目的综合效益等均具有重要的理论意义和实际意义。

(一) 监管主体

在市场经济发达的国家都有独立的工程管理咨询和第三方检测机构,其职责涵盖了从方案设计、工程施工到工程竣工的全过程。工程质量检测机构作为专业、独立的第三方主体介入工程的质量鉴定和监控,一方面可以为保险人承保园林建设工程项目提供有力的技术分析和保障,另一方面对被保险人的建设行为提供技术指导和监督。目前,我国的园林工程建设质量检查机构有监理公司和以质监站为代表的工程质量监管行政机关,这种市场监管和政府监管并用的双重监管机制看似起到双保险的作用,实则却导致多头管理,职责范围不清。监理公司的监理是对整个工程建设全过程的参与,无论从工作内容还是监管环节上都比政府的行政监管要更具有宽度和深度,然而其性质属于社会监理的服务性机构以及和建设方的委托关系决定其监管是一种软监管。质监站是代表政府对园林工程质量履行行政监管职责,是一种具有强制力的硬监管,但其监管方式却是宏观上的,就园林工程建设过程中关键环节的监管,不可能是一对一地针对每个建设环节的全方位、全过程的监管。因此,无论从建设工程质量保险制度构建的角度还是从园林公共建设工程监管的角度都需要根据园林绿化工程建设市场主体的具体情况,社会化监管主体制定相应的监管对策。包括自律和他律。

1. 自律监管主体

指行业协会在政府引导企业履行职责的前提下,行业协会既是市场主体的关联体也是行业管理的主体,通过制定相关规则,实现自我约束、自我规范、自我管理以及自我控制,使之符合法律法规以及其他方面的合理要求。

2. 他律监管主体

包括政府、社会,其中社会包括 NGO、公众、利益相关者、舆论等。一是政府主要通过行政手段实现对园林绿化工程建设市场主体的监管,政府通过立

法、执法参与到市场主体的监管中,将更多的监管权下放给其他主体;二是在
社会主体中,NGO(非政府组织)独立于利益之外,能够在制度上保证监督的
公平和公正,通过制定相关的标准,根据标准审查、评估市场主体的行为;公众
为了维护自己的合法权益,通过信访、举报、行政复议、诉讼、人大联系群众制
度等对市场主体的行为进行监督;舆论监督指媒体、网站、微信、微博等对市场
主体违法违规行为进行公开报道、曝光和讨论;利益相关者一般对工程建设市
场主体缔结了相关的契约关系,对企业的生存和发展注入了相应的投资或承
担了相应的风险,或为企业的经营活动付出代价,因此,利益相关者有足够的
需求来监督企业在契约关系内的任何行为。

(二) 监管内容

　　园林绿化工程建设市场主体社会化监管内容指在工程建设市场主体参与
的部分,英美等国家对市场主体的监管主要体现在准入和管理两个方面,市场
主体监管主要在于准入,放宽准入条件,加强对招投标和建设过程的监管。尽
管市场准入监管在一定程度上实现了对市场主体的控制与管理,但是在对进
入市场之后的各类市场主体的行为缺少有效的监督。因此,应对包括工程建
设招投标、项目法人组建、开工、建设过程、进度、安全、质量评定、验收、文明工
地、审计、稽查等进行监管。

(三) 监管手段

　　园林绿化工程建设市场主体社会化监管手段以信用为核心,以包括担保、
保险在内的金融手段为着力点,以包括信息技术、大数据分析、云平台、BIM、
智能化等先进技术工具为支撑。行政手段虽然在监管过程中具有一定的影
响,但是总体来看已经呈现出逐渐弱化的趋势。园林绿化工程建设市场主体
社会化监管系统的构成要素如下图所示。
　　图 2-48 中社会化监管主体—行业协会、政府、NGO、公众、舆论、利益相关
者对市场主体进行监管,由传统政府直接监管转变为政府引导下的社会化监
管方式。由于其外部性、风险性存在较大差异,需要实现不同监管内容和不同
监管手段之间的匹配,为此,要借助监管工具,使监管主体参与到工程建设市
场主体的监管中,通过信用作用机制,对市场主体进行信用评级,根据信用等
级,以确定工程担保、保险费率的高低。

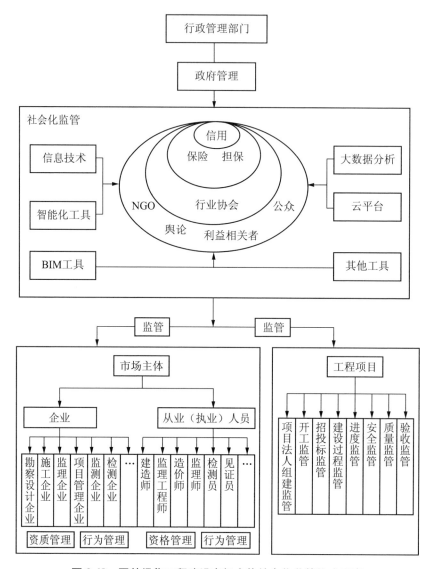

图 2-48　园林绿化工程建设市场主体社会化监管构成要素

　　借鉴系统动力学的分析思路,研究工程建设市场主体社会化监管动态运行过程,可以有效地揭示社会化监管构成要素之间错综复杂关系,即以市场主体行为为主线,跟踪信用的流向,以信用为纽带,通过建立多重反馈回路,可以反映多监管主体对市场主体的作用关系,由此得出工程建设市场主体社会化监管的反馈控制机制,如图 2-49 所示。

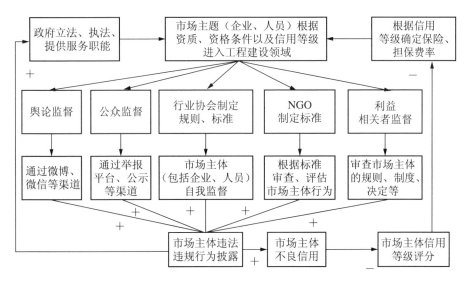

图 2-49 园林绿化工程建设市场主体社会化监管反馈控制机制

在图中,系统演化决定了系统行为模式的变化,无论哪一条反馈路径,都可以找到监管主体作用的回路。从社会化监管演化过程入手,揭示系统的行为模式,进而揭示系统的结构。在反馈系统中,用箭线表示各监管主体实施监管的运行过程,其中"+"表示正相关关系,"-"表示负相关关系,当整个模型中有偶数个负回路,即为正反馈环,其具有自我加强的功能;有奇数个负回路,即为负反馈环,具有自我减弱的功能。在这个反馈图中,信用处于核心地位。

调研中,问及"您认为本市园林绿化工程市场监管和现场监督现有业务中有哪些可引入或转由第三方机构承担"时,参与本次问卷调查的监管部门人员,普遍认为本市园林绿化工程市场监管和现场监督现有业务中的大部分都可以引入或转由第三方机构承担。其中,认为"植物复检、土壤检测等各类抽检业务""企业培训、社会宣传""相关咨询、投诉调解、合同争议调解""工程资料制作、汇总、保管"可以引入或转由第三方机构承担的,都超过了半数,分别有 19 人、18 人、17 人和 13 人赞同。即使是选择人数相对较少的"招投标"和"现场监督"环节,也都有 10 人和 8 人赞同引入或转由第三方机构承担。可见,监管部门自身对于引入或转由第三方机构承担相关监管和监督职能是需求已经十分迫切,需要尽快研究并制定实施办法。

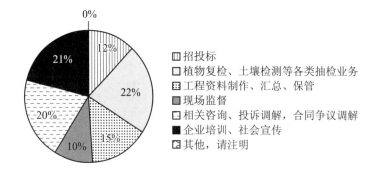

图 2-50　受访监管人员对园林绿化工程建设市场业务可由第三方机构承担评价

课题组认为,社会化监管的优势在于实现了自律和他律的有效互补,监管主体的广泛性、反映的敏捷性,不仅可以弥补政府监管体系的不足,而且使利益相关者、公众具有表达他们利益诉求的渠道,通过行业协会、NGO、媒体等对市场主体监管的参与,使监管政策的制定更加民主化、科学化。实施"放"与"管"的有机结合,政府直接监管转变为间接监管,事前监管转变为事中事后监管,是市场化改革的必然要求。社会化监管机理实质上是信用规范化的动态过程。以信用为出发点,对市场主体在工程建设过程中不良行为记录在案,对市场主体的信用等级再评级,以此迫使市场主体遵纪守法。通过社会化监管反馈控制图,可以明确社会化监管动态反馈系统是一个正反馈系统,系统内各监管主体对市场主体的监管作用下,能够加强市场主体的信用意识。

八、探索事中事后监管方式方法上的改革

园林工程建设市场主体监管是一项艰巨而复杂的任务,仅仅依靠政府的力量容易滋生很多问题,难以体现监管的有效性。建立健全行业自律机制,推动政府、市场、社会以及行业协会形成联动效应。行业自律源自于其作为经济治理机制的功能,即协调对外沟通并实施对内监督惩罚,从而维护行业利益,规范行业竞争秩序。同时,行业自律比他律更贴近市场,更熟悉市场主体的暗中操作,有更敏锐的市场察觉力,自律范围包括法律无法涉及的道德领域,因此,离开自律的他律效率是低下的。工程建设市场主体的实践发展趋势从单一的他律或自律向他律、自律有效互补的工程建设市场主体监管转变。工程建设领域自律的监管主体为行业协会,他律的监管主体为政府和社会。行业协会和政府监管在各自的职权范围内行使其权利,行业协会不是政府监管机

构的附属机构,也不受政府监管机构的不当干预。其与政府监管机构是一种受到政府依法监管的分工关系。国家取消绿化企业资质的认证,其目的在于减少事前审批制度,充分激活市场活力,使得更多的企业能够加入到绿化市场的发展中,通过市场竞争机制来推动整个行业的向前发展。然而,减少事前审批对于监管部门的事中事后监管提出了更高的要求。课题组认为有关部门可以从以下几个方面加强事中事后的监管。

第一,严格控制从业人员资质专业要求,加强已获资质专业技术和相关专业的人员的培训。以美国、英国为代表的发达国家从业人员的市场准入制度要求从业人员通过国家相关考试并注册确定其职业技术资格后,以个人名义进入建筑市场且具有独立的地位和身份,在执业行为上有极大的自由发挥空间。然而,我国一直实行企业资质管理和从业人员个人执业资格管理的双轨制监管模式,且这种监管模式是对企业资质采取直接监管,对从业人员个人实行间接管理,即政府只管企业,根据企业拥有的注册资本、专业技术人员数量、技术装备和已完成建筑工程业绩等标准划分企业的资质等级,从业人员的个人执业活动则由企业进行监管,这种管理模式也催生出了"证书挂靠"的完整产业链。这也是我国现行制度改革迫切要解决的问题之一。前文中我们已经提及为了解决有关企业专业人员人手不足的问题,行政监管部门可以采取加大人员培训的方式予以缓解。然而,这种培训只是基本技能的培训。相关领域的行业标准、知识和技能也在不断发展过程中。绿化行业也需要不断吸收新的技术和知识以推动行业的整体发展。因此,有关部门有必要对已经持有证件的从业人员定期开展业务培训,让相关人员能否充分掌握行业的前言发展。

第二,严格人员在绿化工程项目中到岗管理的制度落实。在实践中,有执法人员反映有些绿化企业实际从事绿化工程建设的人员和被系统的人员并不一致,也就是有关人员的不在岗情况非常严重。为解决这一问题,课题组建议执法部门可以首先采取"双随机"的工作思路,加强对现场施工的日常抽查工作。利用随机性的抽样检查保持对有关企业的震慑。其次,园林绿化监管部门可以采取 GPS 定位管理系统,对相关人员是否在现场进行技术监控。有关人员只要在施工现场出现,绿化监管部门的定位系统即可感知。通过这种方法,监管部门可以实现更为精准的监管。最后,监管部门可以采取"告知承诺"制度,要求有关施工单位对相关人员的到岗情况予以书面承诺。如果因为人员离岗而产生现场施工的事故或者其他法律争议,施工单位要根据承诺承担自身的法律责任。通过加强企业的自身责任意识,监管部门可以缓解现场执法监管的压力。

第三，建立健全社会参与监督机制，支持行业协会对会员遵守行业自律规范、公约和职业道德准则情况进行监督。监管部门应当支持和引导行业协会制定和完善行业从业标准和规范，扩大行业组织在行业正常运转中的影响力，使得违法违规的企业组织在本行业内执业受到相应的限制和影响，提高其违法成本。同时，监管部门与街道、居（村）委等基层部门相配合，利用基层的联防联动机制和网格化管理机制，加强对施工现场的监管，实现整个社会齐抓共管的监管局面。

第四，创新监管机制方法，优化监管流程、信息系统等配套保障，理顺机制，减少工作量。课题组认为相关监管工作可以从两个方向去努力：第一个方向是精细化监管，也就是能够在充分考虑各类企业经营状况不同的情况下，采取不同的监管措施。这就需要监管部门在考虑到有关企业的规模、经营状况、企业人员的状况等一系列因素的基础上对整个行业进行分层分类的监管，从而提高监管的精准度。第二个方向是智能监管，要充分利用日常管理过程中形成的数据沉淀，利用大数据技术对相关信息进行分析，准确把握行业的发展趋势和存在的问题。此外，有关部门可以研究采用物联网技术加强对施工单位的事中事后监管。

第五，探索研究园林绿化工程建设担保保险制度，实现安全质量风险社会共担机制。如同建筑行业一样，绿化行业因为项目分包、技术以及自然原因等存在一定的经营风险。部分合同金额比较大的工程项目，风险尤其突出。如果风险一旦发生，对于相关企业可能会造成相当严重的负面影响，甚至可能使经营难以为继。为了降低企业的经营风险，维护行业的稳定发展，监管部门可以探索研究园林绿化工程建设担保保险制度，推荐相关企业积极参与，以缓解企业经营过程中可能存在的风险。

附件一　上海市园林绿化工程市场监管和现场监督评估调查问卷(监管部门版)

尊敬的女士/先生:

　　您好！感谢您在百忙中抽出时间参与我们的调查！为了解您对上海市园林绿化工程市场监管和现场监督实施情况的看法,提高市场监管和现场监督的针对性和有效性,特开展本次问卷调查。本次调查采用不记名方式,答案也没有对错之分,我们会对所有填写的资料严格保密并只以统计分析的方式出现。您的参与对我们的调查意义重大,希望您能够如实填写,谢谢您的认真配合！

上海社会科学院法学研究所

上海行政法制研究所

2018 年 12 月

【基本信息】

1. 您的身份:

　○ 综合岗位工作人员

　○ 执法工作人员

　○ 派出分局(驻区机构)工作人员

　○ 绿化和市容(林业)工程管理站工作人员

2. 您所处岗位性质:

　○ 领导岗

　○ 非领导岗位

3. 您的年龄:

　○ 30 岁(含)以下

　○ 31—40 岁

○ 41—50 岁

○ 51 岁（含）以上

【问卷正文】

4. 到目前为止,您如何评价本市园林绿化工程市场监管和现场监督改革?

○ 很成功,充分体现了制度设计初衷,减轻企业负担,有利于企业的持续长远发展

○ 改革进展顺利,效果基本符合预期,但实际操作中有所不足

○ 优化整合效果不明显,对企业没有实质影响,改革前后变化不明显

○ 不好,改革弊端很大,诸如诚信者反而吃亏

○ 不清楚存在该项措施

○ 其他:_____

5. 您认为本市园林绿化工程市场监管和现场监督方式改革的重要影响?（限填三项）

○ 市场监管和市场竞争"唯资质论"的传统观念受到严重冲击

○ 市场监管的重点、方式和手段进行较大调整

○ 市场竞争主体面临新一轮的优胜劣汰

○ 园林绿化工程项目监管模式及程序面临调整

○ 市场竞争主体综合竞争能力评价标准亟待改变

○ 新形势发展要求提升监管人员队伍的综合素质能力

○ 其他:_____

6. 市园林绿化工程市场监管和现场监督改革以来,您认为监管部门总体上对企业的监管和执法力度?

○ 显著提高,能满足本市监管与执法需求

○ 略有提高,有进一步提升空间

○ 相差不大,应继续加强优化整合

○ 有所下降,改革成效不明显

7. 据您了解,体制改革后,以下哪些方面的监管力度加大?（多选题）

○ 园林绿化建设市场综合信息(企业、人员及项目)数据库建设

○ 园林绿化工程建设信用体系建设

○ 调整对不同主体投资项目的监管重点

○ 制定完善园林绿化工程项目相关人员动态管理办法

○ 强化工程项目施工现场监督管理

　　○ 强化园林绿化市场监管资源整合

　　○ 其他：＿＿＿＿＿＿＿＿＿

8. 您认为市场监管体制改革的主要优势有哪些？（多选题）

　　○ 统一开放市场逐步形成

　　○ 开放竞争有序格局加快构建

　　○ 高风险、重难点、薄弱环节监管得到加强

　　○ 资源优化整合，监管效能更高

　　○ 监管理念、方法进一步创新

　　○ 市场准入更加便利

　　○ 企业诚信守法意识显著增强

　　○ 其他：＿＿＿＿＿＿＿＿＿

9. 您认为体制改革的主要受益者是？（多选题）

　　○ 建设单位

　　○ 绿化企业（包括代办、审图等单位）

　　○ 地方政府

　　○ 监管干部

　　○ 市民

　　○ 没有受益者

　　○ 其他受益者　比如：＿＿＿＿＿＿＿＿＿

10. 您认为到目前为止，本市园林绿化工程市场监管和现场监督改革？

　　○ 很成功，充分体现了行政审批制度改革不断深化成效

　　○ 改革进展顺利，效果基本符合预期

　　○ 监管程序和程序调整效果不明显，监管效能提升不多

　　○ 改革没有取得成效

　　○ 其他：＿＿＿＿＿＿＿＿＿

11. 您认为本市园林绿化工程市场监管和现场监督改革面临的主要难点有哪些？（多选题）

　　○ 配套保障与监管执法实际需求不同步（法制、信息化等）

　　○ 监管任务量大面广与监管资源有限存在矛盾

　　○ 综合监管与专业监管结合存在困难，干部专业技能不足

　　○ 干部工作积极性难以调动

　　○ 市级、区级监管体制不统一，增加工作复杂性

○ 改革的社会认可不足

○ 依然存在职能交叉、事权模糊的环节

○ 其他：＿＿＿＿＿＿＿＿

12. 您认为后续园林绿化工程市场监管和现场监督改革应着力加强哪些方面？（可多选）

○ 深化资源优化整合，发挥改革优势

○ 加强专业技能培训，促进有效监管

○ 创新监管机制方法，提升监管效能

○ 完善各类激励机制，调动工作热情

○ 加强团队文化建设，凝聚改革共识

○ 探索研究园林绿化工程建设担保保险制度，实现安全质量风险社会共担机制

○ 建立健全社会参与监督机制，支持行业协会对会员遵守行业自律规范、公约和职业道德准则情况进行监督

○ 优化监管流程、信息系统等配套保障，理顺机制，减少工作量

○ 合并更多近似、交叉职能，进一步实现一体化、大监管

○ 其他：＿＿＿＿＿＿＿＿

13. 本市园林绿化工程监管部门在下一步市场监管和现场监督的优化整合中应该？（可多选）

○ 着重业务策划、部署

○ 加强工作调研和制度、模式创新

○ 强化统筹协调，减少一线负担

○ 加强业务培训、指导

○ 加强局站交流、联动

○ 其他：＿＿＿＿＿＿＿＿

14. 您认为本市园林绿化工程市场监管和现场监督现有业务中有哪些可引入或转由第三方机构承担？（可多选）

○ 各类抽检、快检

○ 风险监测、评估

○ 相关咨询、投诉调解，合同争议调解

○ 企业培训、社会宣传

○ 其他：＿＿＿＿＿＿＿＿

15. 本市园林绿化工程市场监管和现场监督改革后,您认为行政执法部门在信用监管方面哪些地方亟待完善?(多选题)

　　○ 企业信息公示力度加大

　　○ 失信惩戒进一步加强

　　○ 信用预警、评价更加完善

　　○ 其他:＿＿＿＿＿＿＿＿

16. 您认为本市园林绿化工程市场监管和现场监督改革后,政府行政执法哪些工作得到了加强(多选题)

　　○ 市场准入(证照办理)方面

　　○ 营造公平有序的市场环境方面

　　○ 企业指导和信用监管方面

　　○ 投诉、举报处置方面

　　○ 其他:＿＿＿＿＿＿＿＿

17. 在园林绿化工程市场监管和现场监督过程中,您对各行政管理单位数据交换的及时性、延续性、正确性的有效衔接是否满意?

　　○ 非常满意

　　○ 较满意

　　○ 一般

　　○ 较不满意

　　○ 非常不满意

　　○ 不清楚

18. 本市园林绿化工程市场监管和现场监督改革以来,您个人有哪些变化?(可多选)

　　○ 学会了新的业务,监管能力提高

　　○ 工作思路、方法更加优化

　　○ 工作压力加大

　　○ 没什么变化

19. 本市园林绿化工程市场监管和现场监督改革以来,您的工作效能?

　　○ 工作效能提高了

　　○ 工作效能降低了

　　○ 没什么变化

19.1 您工作效能提高的主要原因有？（可多选）

　　○ 工作能力增强了

　　○ 工作方法优化了

　　○ 工作更加勤奋了

　　○ 其他：＿＿＿＿＿＿＿＿

19.2 您工作效能降低的主要原因有？（可多选）

　　○ 工作专业性太强，不会干

　　○ 监管任务太重，干不了

　　○ 没什么发展空间，不想干

　　○ 其他：＿＿＿＿＿＿＿＿

20. 您在工作中遇到的实际困难有哪些（可多选）

　　○ 业务技能不足，需要有针对性的培训与带教

　　○ 临时性工作、会议等太多，需要局、处、站层面优化工作安排

　　○ 外出检查过程中，就餐、交通等不便，需要加以考虑

　　○ 工作没有动力，效率不高，需要有效的激励机制

　　○ 其他：＿＿＿＿＿＿＿＿

21. 您对本市园林绿化工程市场监管和现场监督的工作有何意见、建议？（填空题）

＿＿＿＿＿＿＿＿＿＿＿＿＿＿＿＿＿＿＿＿＿＿＿＿＿＿＿＿＿＿

＿＿＿＿＿＿＿＿＿＿＿＿＿＿＿＿＿＿＿＿＿＿＿＿＿＿＿＿＿＿

＿＿＿＿＿＿＿＿＿＿＿＿＿＿＿＿＿＿＿＿＿＿＿＿＿＿＿＿＿＿

＿＿＿＿＿＿＿＿＿＿＿＿＿＿＿＿＿＿＿＿＿＿＿＿＿＿＿＿＿＿

＿＿＿＿＿＿＿＿＿＿＿＿＿＿＿＿＿＿＿＿＿＿＿＿＿＿＿＿＿＿

附件二　上海市园林绿化施工工程市场监管和现场监督评估调查问卷(企业版)

尊敬的女士/先生：

　　您好！感谢您在百忙中抽出时间参与我们的调查！为了解贵企业对上海市园林绿化工程市场监管和现场监督实施情况的看法,提高市场监管和现场监督的针对性和有效性,现对贵单位做本次问卷调查。本次调查采用不记名方式,答案也没有对错之分,我们会对所有填写的资料严格保密并只以统计分析的方式出现。您的参与对我们的调查意义重大,希望您能够如实填写,谢谢您的认真配合！

上海社会科学院法学研究所

上海市行政法制研究所

2018 年 12 月

【基本信息】

1. 您所在公司是：

　　○ 建设单位/代建单位

　　○ 绿化单位

　　○ 总承包单位

　　○ 监理单位

　　○ 设计单位

　　○ 其他：＿＿＿＿＿＿＿＿

2. 贵单位性质：

　　○ 国有

　　○ 民营

　　○ 外资

　　○ 合资

　　○ 港澳台资

　　○ 其他：_____

3. 贵单位企业规模：

　　○ 50 人以下

　　○ 50 人—100 人

　　○ 100 人—200 人

　　○ 200 人以上

4. 近三年，贵单位绿化工程年均合同额：

　　○ 500 万/年以下

　　○ 500 万—1 200 万/年

　　○ 1 200 万/年以上

5. 贵单位人员技术职称情况：

　　○ 初级____人

　　○ 中级____人

　　○ 高级____人

6. 贵单位人员配置情况：

类　别	1—3 人	4—6 人	7—8 人	9—11 人	12—14 人	15 人及以上
技术负责人						
施工员						
安全员						
质量员						
资料员						
材料员（取样员）						

7. 贵单位从事园林绿化工程行业年限是：

　　○ 5 年以下

　　○ 5—10 年

　　○ 10—20 年

　　○ 20 年以上

8. 贵公司在园林绿化工程领域发展处于以下哪个阶段?
   ○ 准备进入园林绿化工程领域,对园林绿化工程领域比较感兴趣
   ○ 已进入园林绿化工程领域,可以承担简单的小型工程项目
   ○ 在园林绿化工程市场较为活跃,可承担中型的工程项目
   ○ 已在部分地区建立区域总部,可承担大型的工程项目

9. 在浦东园林绿化施工工程资质管理调整之前,贵公司原来属于哪一级资质?
   ○ 一级
   ○ 二级
   ○ 三级
   ○ 未成立
   ○ 已成立,相关资质办理中
   ○ 所从事的工作,无需园林绿化资质

【问卷正文】

10. 您是否了解浦东园林绿化工程的市场监管和现场监督方式的改革,改革目标是逐步建立起统一开放、竞争有序、诚信守法、监管适度的园林绿化建设市场体系?
    ○ 非常了解
    ○ 有一定了解
    ○ 听说过,不是很了解
    ○ 不知道这项改革

11. 您认为浦东园林绿化工程的市场监管和现场监督方式实施过程是否规范?
    ○ 符合规范,秉公办理
    ○ 基本符合规范
    ○ 不符合规范,急需改善
    ○ 其他

12. 您对浦东园林绿化工程市场监管和现场监督所提供的便利举措是否满意?
    ○ 非常满意
    ○ 较满意
    ○ 一般
    ○ 较不满意
    ○ 非常不满意
    ○ 不清楚

13. 到目前为止,您如何评价浦东园林绿化工程市场监管和现场监督改革?

    ○ 很成功,充分体现了制度设计初衷,减轻企业负担,有利于企业的持续长远发展

    ○ 改革进展顺利,效果基本符合预期,但实际操作中有所不足

    ○ 优化整合效果不明显,对企业没有实质影响,改革前后变化不明显

    ○ 不好,还不如不改革,诚信者反而吃亏

    ○ 不清楚存在该项措施

14. 您认为浦东园林绿化工程市场监管和现场监督方式改革的重要影响?(限填三项)

    ○ 市场监管和市场竞争"唯资质论"的传统观念受到严重冲击

    ○ 市场监管的重点、方式和手段进行较大调整

    ○ 市场竞争主体面临新一轮的优胜劣汰

    ○ 园林绿化工程项目监管模式及程序面临调整

    ○ 市场竞争主体综合竞争能力评价标准亟待改变

    ○ 新形势发展要求提升监管人员队伍的综合素质能力

15. 在现有监管方式改变后,您认为浦东政府管理机构对市场主体进行监管的重点何在?(多选题)

    ○ 从审核企业是否具备与相关资质标准相一致的要素监管转向对企业在市场中从事经营活动的全过程监管

    ○ 从企业开展市场经营活动前的资质准入监管,转向企业市场行为、人员职业(执业)资格和经营活动成果的规范性、合法性和安全性监管

    ○ 由重事前监管转向重事中、事后监管

    ○ 监管手段也必须充分运用大数据、互联网等方式进一步加快信息化、数字化发展进程

16. 您在办理浦东园林绿化工程市场监管和现场监督事项过程中,觉得工作人员的服务态度如何?您满意吗?

    ○ 态度非常好,我非常满意

    ○ 态度比较好,我比较满意

    ○ 态度一般般,我觉得还行

    ○ 态度不太好,我不太满意

    ○ 态度很不好,我很不满意

17. 您在办理浦东园林绿化工程市场监管和现场监督事项过程中,有关部门是
    否会提供办事服务指南?

    ○ 会提供,而且非常清楚

    ○ 会提供,而且比较清楚

    ○ 会提供,但是不太清楚

    ○ 不提供,但有人工咨询

    ○ 不提供,也没人工咨询

18. 贵单位是否履行了园林绿化工程市场监管和现场监督的义务事项?

    ○ 完全履行

    ○ 较多履行

    ○ 一般

    ○ 较少履行

    ○ 没有履行

19. 在当前行政审批制度改革不断深化,园林绿化施工企业资质审批管理方式
    取消的背景下,行政执法部门发现某企业没有执行相关规范要求,您认为
    该如何处理?(多选题)

    □ 行政机关应当要求其限期整改;整改后仍不符合条件的,行政机关作出
      处罚决定

    □ 应当记入申请人、被审批人诚信档案,并对行政相对人的诚信档案进行
      行业的信用综合评价,从严掌控

    □ 将监管信息向社会公布,接受社会各方的监督

    □ 充分发挥行业协会的行业自律作用

    □ 其他

20. 您认为园林绿化施工企业资质取消后,与以前相比,现有的监管、监督措施
    如何?(单选)

    □ 差不多,没有太大变化

    □ 有变化,措施过严,不利于绿化行业发展

    □ 有变化,措施比较合适

    □ 有变化,措施比较宽松,不利于绿化行业规范

    □ 没有经历过前后比较,不知道

20.1 如果您选择第二项或者第四项,认为现行监管不利于行业发展或行业
规范的主要理由是:

_____

_____

21. 您认为园林绿化施工企业资质取消后,绿化市场监管的重点应当是:(多选题)
    □ 采取多种综合措施,提高行业准入门槛
    □ 继续降低门槛,促进行业充分竞争
    □ 不断提高招标等市场透明度,推动公平竞争
    □ 加大企业、人员业绩审核力度,保证相关信息真实性
    □ 加强人员资质管理,强化人员培训力度
    □ 建立健全行业内企业信用制度建设,加大奖励或者惩戒力度
    □ 加大对注册在外地企业的管理力度
    □ 其他(请注明):_____

22. 您认为,绿化工程项目现场监督的重点是:
    □ 加强绿化企业作业规范的制定与落地
    □ 加大现场施工安全检查
    □ 加强绿化工程流程管理
    □ 加大抽检、抽查力度
    □ 协助建设单位,共同做好竣工验收工作
    □ 政府主要管好安全,落实绿化工程强制标准,现场不用管太多
    □ 其他(请注明):_____

23. 您认为绿化企业经营活动中,建设单位的经营者或负责人接受培训或指导
    是否必要?
    ○ 非常有必要
    ○ 较有必要
    ○ 一般
    ○ 较不必要
    ○ 非常没必要
    ○ 说不清

24. 您是否知道与园林绿化工程市场监管和现场监督相关的投诉、举报制度,
    处理机制?
    ○ 非常清楚

○ 较为清楚

○ 一般

○ 不太清楚

○ 很不清楚

25. 您认为,目前工程管理中,小型工程(单项合同额 500 万以下)要求配 4 人;
中型工程(单项合同额 500 万—1 200 万)配 6 人;大型工程(单项合同额
1 200 万以上)配 8 人,企业对于这项规定实施的情况?

○ 可以按照要求实施

○ 严格实施起来有一定难度,但可以克服

○ 不太合理,难以操作,需要进一步优化

25.1　如果选择第三项,请填写贵企业存在哪些问题? 以及具体的优化改进
建议?

_____

_____

25.2　按照目前管理规定,中标企业的人员信息将被锁定,您认为何时解除锁
定较为科学、合理?

_____

_____

26. 在园林绿化工程市场监管和现场监督过程中,您对浦东各行政管理单位数
据交换的及时性、延续性、正确性的有效衔接是否满意?

○ 非常满意

○ 较满意

○ 一般

○ 较不满意

○ 非常不满意

○ 不清楚

27. 园林绿化工程市场监管和现场监督改革以来,您认为浦东园林绿化工程执
法部门对绿化企业、建设单位事中事后监管和执法力度?

○ 监管执法力度更大、更加深入

○ 监管频率提高

○ 监管效能提升

○ 没有明显变化

    ○ 有所下降

    ○ 其他：＿＿＿＿＿＿＿

28. 就园林绿化工程市场监管和现场监督管理而言,以下与您企业关联密切的
　　是?（多选题）

    ○ 准入环节（如办证许可等）

    ○ 市场监管（日常监管）

    ○ 行政指导（如咨询服务等）

    ○ 违法处罚

    ○ 信用监管

    ○ 其他：＿＿＿＿＿＿＿

29. 您认为浦东园林绿化工程市场监管和现场监督改革后,政府行政执法哪些
　　工作得到了加强（多选题）

    □ 市场准入（证照办理）方面

    □ 营造公平有序的市场环境方面

    □ 企业指导和信用监管方面

    □ 投诉、举报处置方面

    □ 其他：＿＿＿＿＿＿＿

30. 浦东园林绿化工程市场监管和现场监督改革后,您认为行政执法部门在信
　　用监管方面哪些地方亟待完善?（多选题）

    □ 企业信息公示力度加大

    □ 失信惩戒进一步加强

    □ 信用预警、评价更加完善

    □ 其他：＿＿＿＿＿＿＿

31. 您对浦东园林绿化工程市场监管和现场监督的工作有何意见、建议?（填
　　空题）

＿＿＿＿＿＿＿＿＿＿＿＿＿＿＿＿＿＿＿＿＿＿＿＿＿＿＿＿＿＿＿＿＿＿＿

＿＿＿＿＿＿＿＿＿＿＿＿＿＿＿＿＿＿＿＿＿＿＿＿＿＿＿＿＿＿＿＿＿＿＿

＿＿＿＿＿＿＿＿＿＿＿＿＿＿＿＿＿＿＿＿＿＿＿＿＿＿＿＿＿＿＿＿＿＿＿

＿＿＿＿＿＿＿＿＿＿＿＿＿＿＿＿＿＿＿＿＿＿＿＿＿＿＿＿＿＿＿＿＿＿＿

＿＿＿＿＿＿＿＿＿＿＿＿＿＿＿＿＿＿＿＿＿＿＿＿＿＿＿＿＿＿＿＿＿＿＿

后　记

在当前国务院行政审批制度改革不断深化、园林绿化施工企业资质审批管理方式调整的背景下,政府主管部门或监督机构必须逐步建立起统一开放、竞争有序、诚信守法、监管适度的园林绿化建设市场体系,这是当前政府监管部门加强园林绿化工程建设市场监管亟待解决的重要课题,也是不断推动上海园林绿化工程建设市场监督管理工作进一步制度化、系统化、规范化、法治化发展的应有之义。经历了选题的困惑、资料搜集和写作的艰辛,课题终于画上一个"句号"。回顾近一年的课题研究经历,可谓感慨万千。

首先,要感谢上海市浦东新区园林绿化工程市场监管和现场监督实施情况调研分析这一研究项目。是她,这一制度渠道给了我们一次对工作中所遇到的细微而具体、庞杂而琐碎的现象用理论层面上的思维与语言予以抽象、概括的机会。这一充满羁绊的心路历程无疑使得我们获得了久违的激情与感动,并收获了艰辛努力后的喜悦。在此,谨代表我们组员对上海市浦东新区绿化管理事务中心周到而细致的组织工作表示深深的谢意。

其次,要感谢课题组的各位成员,他们分别是上海市浦东新区绿化管理事务中心叶青副主任、陈伟老师(负责导论部分),中共上海市委党校(上海行政学院)徐涛博士(负责第一编"园林绿化工程监管的理论基础"之第一、二、三章),上海社会科学院法学研究所彭辉(负责第一编"园林绿化工程监管的理论基础"之第四、五、六章),上海市绿化和市容管理局政策法规处原处长杨文悦、罗承老师(负责第二编"浦东园林绿化工程监管的实践探索"之第一、二、三章),上海市行政法治研究所王天品所长、王松林老师(负责第二编"浦东园林绿化工程监管的实践探索"之第四、五、六章)。同时也要衷心感谢原上海市人民政府法制办副主任顾长浩、上海市浦东新区生态环境局(绿化和市容管理局)原总工蔡静萍等诸位领导和同仁的悉心指导。各位组员能够真诚地走到一起申报这一课题并最终完成,这无疑是众志成城、团结一心的极好体现。课题研究期间组员们常常牺牲休息时间,探讨课题框架设计、分析路径的选择问题,有时争执得面红耳赤,这些场景至今想来历历在目,倍感温馨与感动。

再次,虽然课题已经暂告一段落,但由于我们学识短浅,课题还存在许多不足和错误。当然,文中的错漏由我们负责。文中的研究方法、对问题的提法和一些观点难免存在不当之处,唯恐辜负各位领导的关心,只有在今后的学习工作中加倍勤勉,以报答关爱我们的人。

最后需要指出的是,目前全国范围的营商环境都在不断优化,建设工程领域的审批制度改革领域愈来愈宽、改革层次愈来愈深、改革力度也越来越大。上海也在进一步持续深化改革,持续减少园林绿化工程建设项目审批手续、压减审批时间、提升办理建筑许可指标排名,并及时总结好的经验和做法。从这个角度而言,实践已经远远走在理论的前面,学界针对园林绿化工程监管的理论研究与正在开展并渐入高潮的审批改革实践相比无疑相形见绌,在知识储备、理论积淀、研究方法、研究风格等领域还有很大的提升空间。希望本书的出版能为本领域的研究提供一些助力和裨益,同时也希望更多的同行加入这项工作的研究中来。鲁迅也曾云:"其实地上本没有路,走的人多了,也便成了路。"关注就是态度,关注就是力量。我们是真诚的。

"园林绿化工程监管的理论与实践"课题组

2020 年 10 月

图书在版编目(CIP)数据

园林绿化工程监管的理论与实践 / 彭辉等著 .— 上海 ：上海社会科学院出版社，2020
ISBN 978 - 7 - 5520 - 3041 - 9

Ⅰ．①园… Ⅱ．①彭… Ⅲ．①园林—绿化—工程管理—研究 Ⅳ．①TU986.3

中国版本图书馆 CIP 数据核字(2020)第 229733 号

园林绿化工程监管的理论与实践

著 者：彭辉 叶青 等
责任编辑：袁钰超
封面设计：右序设计
出版发行：上海社会科学院出版社
        上海顺昌路 622 号 邮编 200025
        电话总机 021 - 63315947 销售热线 021 - 53063735
        http：// www . sassp . cn E-mail：sassp@ sassp . cn
照 排：南京理工出版信息技术有限公司
印 刷：上海颛辉印刷厂有限公司
开 本：710 毫米×1010 毫米 1/16
印 张：13.5
字 数：229 千字
版 次：2020 年 12 月第 1 版 2020 年 12 月第 1 次印刷

ISBN 978 - 7 - 5520 - 3041 - 9/TU · 016   定价:70.00 元